闽南师范大学学术著作出版专项经费资助

工矿企业员工行为安全问题研究

梁振东 著

图书在版编目（CIP）数据

工矿企业员工行为安全问题研究/梁振东著．—北京：经济管理出版社，2022.8
ISBN 978－7－5096－8584－6

Ⅰ.①工…　Ⅱ.①梁…　Ⅲ.①工业企业管理—安全管理—研究　Ⅳ.①X931

中国版本图书馆 CIP 数据核字(2022)第 118200 号

组稿编辑：乔倩颖
责任编辑：乔倩颖
责任印制：黄章平
责任校对：陈　颖

出版发行：经济管理出版社
（北京市海淀区北蜂窝 8 号中雅大厦 A 座 11 层　100038）
网　　址：www. E－mp. com. cn
电　　话：（010）51915602
印　　刷：唐山玺诚印务有限公司
经　　销：新华书店
开　　本：720mm×1000mm/16
印　　张：12.5
字　　数：224 千字
版　　次：2022 年 8 月第 1 版　　2022 年 8 月第 1 次印刷
书　　号：ISBN 978－7－5096－8584－6
定　　价：68.00 元

前　言

在工矿企业，不安全行为是引发生产事故最重要的原因，对不安全行为的干预和控制则是企业行为安全水平的核心评价指标，因此对不安全行为影响因素及其作用机制的理论研究及实践，是提升工矿企业员工行为安全水平、稳定工矿企业生产运营秩序、提高工矿企业生产效率的重要路径。目前，学术界已从企业组织管理、员工作业环境、人因工程、员工个体特征等方面，对不安全行为的影响因素及其干预开展了大量富有成效的研究，这些研究成果的实践应用，较好地促进了工矿企业行为安全水平的提高。然而，分析近年的全国安全生产数据可以发现，相较于其他生产型企业，工矿企业中不安全行为仍然高发、频发，工矿企业的安全形势依然严峻。因此无论是理论研究还是在管理实践领域，仍需要对工矿企业员工行为安全问题进行更为深入系统的研究。基于上述背景，本书以计划行为理论、相对剥夺理论和事故致因理论为理论基础，对工矿企业员工不安全行为问题进行了理论假设和实证检验，以期为提升工矿企业行为安全管理水平做出贡献。本书的核心内容包括以下三个部分：

第一部分是基于计划行为理论的员工行为安全问题研究。计划行为理论是阐释个体意向性行为的有效理论。因此基于计划行为理论，探究工矿企业员工不安全行为的影响因素及其作用机制，是进行员工行为安全问题研究的有效切入点。本部分内容基于计划行为理论，以不安全行为意向为研究重点，对不安全行为意向的测量和影响因素、不安全行为的测量方法以及不安全行为意向与不安全行为的关系进行了实证研究。结果表明，计划行为理论对工矿企业员工的意向性不安全行为有较好的解释效力；要改善工矿企业员工行为安全水平，应该将不安全行为意向的干预作为管控重点，通过强化员工的行为安全态度、完善组织的行为安全规范，使员工充分认知到不安全行为的危害性及其后果的不可控性，降低员工的不安全行为意向，减少员工的不安全行为，实现员工行为安全水平的有效提升。

第二部分是基于相对剥夺理论的员工行为安全问题研究。相对剥夺感是个体与参照对象进行比较后，对自身处于不利情境的认知及消极情感反应。相对剥夺感对员工罢工、集体抗议、指向组织的反生产行为等均有较好的预测效力，但相对剥夺感对员工不安全行为影响的研究较为缺乏。在当前产业结构升级和职业社会观念不断更迭的背景下，工矿企业员工与新兴经济体企业的员工相比，工作环境较为恶劣，职业社会地位和薪酬收入较低，使工矿企业的员工产生不同程度的相对剥夺感，成为引发工矿企业员工产生心理健康问题、出现离职行为的重要原因。基于此，为测量评估工矿企业员工相对剥夺感的现状，检验员工相对剥夺感对不安全行为的影响及其作用机制，推动工矿企业员工行为安全管理实践，本部分首先基于相对剥夺理论和情感事件理论，采用规范的量表编制方法，编制了企业员工群体相对剥夺感量表和个体相对剥夺感量表。其次，以工矿工程企业员工为调查研究对象，对员工相对剥夺感与不安全行为意向和不安全行为的关系及其作用机制进行了理论假设和实证检验，并重点关注了工矿企业典型存在的不当督导、家长式领导风格对不安全行为意向和不安全行为的影响机制。

第三部分是基于事故致因理论的员工行为安全问题研究。事故致因理论是解释企业生产事故的经典理论，但基于该理论的许多推论尚缺乏充分的证据支持。基于此，本部分首先选取了自我效能感、控制点、事故体验、工作满意度、安全知识、家庭安全劝导等变量，检验了这些变量与不安全行为意向和不安全行为的关系，以及人口统计学变量与不安全行为意向及不安全行为的关系；其次选取了安全装备、安全理念、危险源管理、工作压力、违章处罚、管理承诺、安全管理行为、物态环境等变量，检验了这些变量与不安全行为意向和不安全行为的关系。

本书的第一部分和第三部分，是我博士学位论文的部分内容，在此对我的导师刘海滨教授在我博士论文写作过程中给予的指导和帮助表示衷心的感谢；本书的第二部分，是我承担的福建省哲学社会科学项目（编号：FJ2017X002）的部分研究成果，感谢福建省哲学社会科学基金给予的经费支持。此外，书中相对剥夺感量表的编制，由我和我的研究生耿梦欣合作完成，在此向耿梦欣的付出和贡献表示感谢。在研究过程中，开滦（集团）有限责任公司、神华集团有限责任公司、潞安化工集团有限公司、甘肃靖远煤电股份有限公司、福建能源集团有限公司、三宝集团股份有限公司、福建七建集团有限公司等企业在我调研和收集数据方面给予了大力支持，特此感谢。同时，特别感谢“闽南师范大学学术著作出版基金”为本书出版提供的资金支持！

最后，感谢经济管理出版社的大力支持，以及乔倩颖编辑的辛勤付出。

梁振东

2021 年 5 月

目　录

第一部分　理论回顾与研究设计

第二部分　基于计划行为理论的员工行为安全问题研究

第三部分 基于相对剥夺理论的员工行为安全问题研究

第四部分 基于事故致因理论的员工行为安全问题研究

第一部分

理论回顾与研究设计

第一章 绪论

本章论述了本书的研究背景和研究意义，对行为安全与不安全行为的关系、不安全行为的概念和分类进行了理论回顾和辨析，对研究涉及的主要理论基础进行了介绍。在此基础上，对本书的整体研究内容和结构进行了设计安排。

第一节 研究背景与研究意义

一、研究背景

近年来，我国企业安全生产的整体形势持续好转，企业安全事故起数和死亡人数不断下降，但和发达国家的企业相比，我国企业的安全事故起数和死亡率依然处于高位。安全事故的发生，不仅使遭遇事故的员工受到生理和心理的伤害，还会影响企业内其他员工的安全感、职业获得感和工作投入状态。对企业而言，安全事故扰乱了企业正常的生产运营秩序，损害了企业的社会形象，会给企业的持续健康发展带来巨大的压力。

当前，工矿企业安全形势严峻，以国家统计局 2020 年的统计数据为例，在 2020 年，全国各类生产安全事故造成 27412 人死亡，其中多数事故和死亡人数分布在工矿企业（国家统计局，2021）。面对严峻的安全形势，政府安全监管部门和工矿企业积极行动，不断优化安全生产技术及工艺，持续完善安全监测系统及设备，迭代升级安全设施和安全防护设备，以期将安全生产绩效提升到理想水平。但比较近年来安全技术革新情况和安全事故发生情况可以发现，技术进步与装备改善确实对企业安全生产水平的提升发挥了作用，但并没有从根本上解决工矿企业事故高发、频发的问题。以煤矿企业为例，2016～2019 年，煤矿安全事故的起数、死亡人数、百万吨死亡率实际呈上升趋势（孟远等，2020），这表明在安全生产技术不断提升的背景下，工矿企业的安全形势依然严峻，工矿企业安全事故高发的势头并未得到有效遏制。因此对工矿企业安全问题的研究，仍然具有必要性和迫切性。

分析工矿企业安全生产的现状和制约因素，至少存在以下几方面的问题：

（1）受技术力量、员工素质、产出效益等多重因素的制约，我国工矿企业生产全方位达到高度机械化、自动化、可视化、信息化乃至智能化的水平还需要较长时间。在此背景下，员工的素质和行为表现会对工矿企业的生产效率及安全状况产生重要影响。

（2）工矿企业生产设备投入使用后，如果存在因未考虑到人性特点和生理需求而存在的系统缺陷，往往很难在短时间内得到修补和完善，在此阶段需要更多的依靠员工的安全工作行为来规避。

（3）工矿企业生产作业环境因素复杂，不可预料因素多，在出现突发性事件时，更需要员工发挥职业素养和主观能动性，以及时化解面临的安全风险。

（4）工矿企业具有移动性作业特征，作业环境的不断变化和作业设备的频繁移动，使系统和设备的可靠性大大降低，因此更需要依赖员工行为安全来弥补系统可靠性方面的缺陷。

显然，员工的行为安全水平是工矿企业安全绩效的重要影响因素，从员工行为改善与安全行为养成角度进行研究和实践是解决工矿企业安全问题的重要路径。国内外大量生产事故原因的分析统计也表明，不安全行为或人误是安全事故的主要原因。在1931年，海因里希就对美国7.5万起工伤事故进行调查统计，结果发现“98%的事故是可以预防的”，其中“不安全行为为主要原因的可预防事故占88%”。我国研究者对电力、林业、金属矿业、煤矿等多个行业安全事故的分析数据也表明不安全行为或人误是事故的最重要原因。由于不安全行为或人误导致的事故比重超过75%，而在煤炭行业由于不安全行为或人误导致事故的比率则超过了84%，所以要改变工矿企业安全生产事故高发的困境，必须注重员工行为安全水平的强化和提升。换言之，要将员工不安全行为的干预和控制作为企业安全管理工作的重中之重来推进。

由于不安全行为是引发安全事故的重要原因（隋鹏程、陈宝智、隋旭，2005），因此对不安全行为进行干预和控制，是培育员工良好工作行为、提升企业安全管理水平的重要手段。个体及群体心理和行为的复杂性以及组织管理和作业环境的复杂性，使员工行为安全的影响因素及其作用机制极为复杂（何旭洪、黄祥瑞，2007），现有行为安全的理论研究成果还难以满足对本质安全管理实践的需要。当前针对员工行为安全的主流研究是从人口统计学差异、个体人格特征、组织管理特点及环境要素的视角，研究引发不安全行为的主要原因（杨佳丽等，2016），但现有的研究结论还难以有效解释为什么在相同组织及工作环境下，具有类似人口统计学特征的员工当中，总有一些个体或群体的不安全行为显著高于另一些个体或群体，或者一些行业或企业员工的不安全行为显著高于另外一些行业或企业。因此，从更微观的视角系统探究个体或群体不安全行为存在显著差异的原因，对员工行为安全影响因素的识别及其干预具有重要的理论意义和实践价值。计划行为理论、相对剥夺理论和事故致因理论以其对员工行为及内在心理的良好解释效力，受到组织行为研究的重视和认可。因此，本书将基于计划行为理论、相对剥夺理论和事故致因理论，深入探讨这些理论对员工不安全行为和不安全行为意向的适用性和解释效力。

有效的不安全行为防控措施，必须建立在对不安全行为发生内在规律深刻把握的基础上。不安全行为的发生主体是人，如果不从人的生理、心理和行为规律出发，而是过分地从技术、管理方面寻求解决途径，对事故防范和不安全行为控制的有效性将大打折扣。因此，本书主要通过对工矿员工不安全行为影响因素的有效研究，为不安全行为的防控和干预提供有效的理论依据。期望通过研究回答以下问题：计划行为理论对意向性不安全行为的研究和实践有何启示？相对剥夺感和管理风格是否是引发员工不安全行为的重要原因？从事故致因理论视角，分析哪些个体、组织和环境因素对不安全行为意向及不安全行为有重要影响？如何通过对不安全行为影响因素的有效干预提升员工行为安全管理水平？

二、研究意义

本书基于系统安全理论、组织理论、行为科学、认知心理学、安全心理学、人因工程、人因可靠性分析等理论和相关研究方法，对引发我国工矿企业安全生产事故的主要原因——“不安全行为”（Unsafe Behavior，UB）的前因变量进行分析研究，并对不安全行为的矫正和控制提出建议。

本书的理论意义主要体现在以下三方面：①基于计划行为理论，提出并验证不安全行为意向是不安全行为的重要中介变量；同时，在设计员工不安全行为计量方法的基础上，研究引发工矿企业员工不安全行为意向和不安全行为的影响因素。②基于相对剥夺理论，编制相对剥夺感量表，深入探究相对剥夺感和相关领导风格对工矿企业员工不安全行为的影响和作用机制。③基于事故致因理论，研究导致工矿企业员工不安全行为意向和不安全行为的个体因素，以及组织与环境方面的影响因素，并采用结构方程模型理论进行检验。

对工矿企业员工行为安全研究的实践意义，可从社会、企业、个体等多个角度进行评价。本书从企业安全管理的视角，分析意向性不安全行为的影响因素，着重以计划行为理论、相对剥夺理论和事故致因理论为理论基础，以不安全行为意向为重要中介变量，检验个体、组织、环境及设备因素对意向性不安全行为的影响，从而对提升工矿企业员工行为安全水平提供理论依据。在实践方面，不安全行为对工矿企业的负面影响主要体现在以下三方面：

（1）不安全行为增加了企业的生产运营成本。由于工矿企业员工不安全行为的高发性和不安全行为导致事故的严重性，企业需要采取技术手段监测防护不安全行为的发生，需要通过管理、培训等方式控制、矫正员工的不安全行为，需要不断改善、消除可能诱发不安全行为的作业和环境条件。但由于缺乏对不安全行为发生规律的有效把握，往往会导致大量安全投入不能产生预期的安全绩效，造成企业资源的浪费。

（2）不安全行为影响企业经营管理目标的实现。工矿企业的主要经营管理目标包括盈利目标、安全管理目标、可持续发展目标等。不安全行为导致的人身伤害、财产损失和生产运营暂停，会对企业的盈利目标和安全管理目标的实现造成严重干扰。因此，企业为了保证短期盈利目标和安全管理目标的实现，对员工行为安全不易有效监控、安全生产风险较高区域的矿业资源，会采取放弃开发的策略，从而造成矿产资源的浪费，对社会和企业的可持续发展产生不利影响。

（3）不安全行为导致的事故对企业形象造成负面影响。企业的安全业绩尤其是在员工伤亡控制方面的成效，已成为评价企业社会形象的重要指标。员工是否选择一个企业作为就业对象，是否对所在企业有高的组织承诺和岗位承诺，企业安全状况也是一项重要考虑因素。此外，安全管理业绩也是政府管理部门在资源整合、配套支持方面是否给予优待的重要参考，是金融部门给予授信额度、融资规模审批的主要依据。

总之，对不安全行为的管理成效直接关系到企业形象，对企业的生存与发展具有重要的影响。因此，本书的实践意义主要体现在通过实证研究，系统探究不安全行为的影响因素，为工矿企业干预、控制不安全行为提供理论基础和方法建议，从而尽可能地降低不安全行为对工矿企业的负面影响，推动工矿企业安全管理水平、经济效益和企业形象的不断提升。

第二节 理论回顾

一、行为安全与不安全行为

（一）不安全行为及其相关概念

员工行为安全的水平主要通过不安全行为的发生情况进行测量评估。如果员工表现出来的不安全行为少，员工的行为安全水平就高；反之则意味着员工行为安全水平较低。20世纪初，随着工人运动的兴起和对员工权益的关注，员工不安全行为的研究即已开始，至今已有100多年的历史。但是，目前关于不安全行为的概念仍未形成共识。不同的学者基于不同的研究视角或管理目的，对不安全行为的概念和内涵赋予不尽相同的定义，甚至有研究将“人误”和“不安全行为”概念等同。对不安全行为概念定义的较大差异，使对不安全行为的结构、测量、前因变量及其影响的研究结论出现较大差异，也给企业安全管理实践造成较大困惑。因此，有必要对不安全行为的概念，特别是对不安全行为与人误概念的关系，进行较为清晰的界定和描述。

1. 不安全行为的概念

关于不安全行为的概念，研究者主要从以下四方面进行定义：

（1）从不安全行为与冒险行为或故意违章之间的关系来定义。如林泽炎（1998）认为，“在生产领域，员工表现出的各种冒险行为（Risk - taking Behavior）与不安全行为是两个等同的概念”。曹庆仁和宋学锋（2006）认为不安全行为与违章行为两个概念基本等同，这样界定也便于进行安全管理。在工矿企业安全管理实践的早期，也常以“违章行为”来描述不安全行为，但随着行为安全研究的深入和“不安全行为”概念的普及，相关研究、安全管理教材和大量企业开始采用“不安全行为”的描述。

（2）从不安全行为与人误的关系来定义。如何旭洪和黄祥瑞（2007）在研究中对不安全行为与人误不进行区分。陈红（2006）认为不安全行为是在生产过程中发生的，直接导致事故的人失误行为，具体包括管理失误、缺陷设计和故意违章。显然，对不安全行为与人误的关系，存在着差异较大的观点分歧。后文将对人误的概念及其与不安全行为的关系，进行更进一步的阐述和分析。

(3) 将不安全行为与事故建立相应关系来定义。如刘超（2010）认为“不安全行为是造成事故的直接原因，是曾经引起事故或可能引起事故的人的行为”。我国《企业职工伤亡事故分类标准》（GB6441－86）对不安全行为的定义就是“能造成事故的人为错误”。一些较有影响力的教材也将不安全行为定义为能引发事故的人的行为差错。

(4) 从个体能力与环境要求的不匹配的角度来定义，认为不安全行为是人的能力与环境不匹配的结果。如曹琦（1998）认为“不安全行为是指在某一时空中，行为者的能力低于人机环境系统本质安全化要求时的行为特征”。

2. 人误的概念

人误（Human Error，HE）即人因失误的简称，是人因可靠性研究和应用中常用的概念，人误与人因可靠性是一个问题的两个方面。

和不安全行为的概念一样，关于人误的概念也未形成共识。Rigby（1970）认为人误是指人行为的结果超出了某种可接受的界限。Dhillon 和 Liu（2006）认为人误是人没有实现规定任务或完成了禁止的动作，可能导致计划运行中断或引起财产和设备损坏的一种人为差错。Sheridan 和 Telerobotics（1992）把人误定义为操作者或管理者没有达到预期的或明确的标准或目标失误行为。Reason（1995）将人误定义为人的意向性计划或动作在没有外力干预的前提下没有取得他所期望的结果或没有达到预期的目标。Hollnagel（1993）认为“人的失误动作”或“人的不安全行为”是“人误”一词的更好提法。张力（2004）认为人误是指人不能精确地、恰当地、充分地、可接受地完成其所规定的绩效标准范围内的任务。Swain 指出，两方面的原因导致人误，即工作条件设计不当和人的不恰当行为（隋鹏程、陈宝智和隋旭，2005）。何旭洪和黄祥瑞（2007）认为，人误是作为对于一种可观察后果的事后原因分析。

从这些定义可以看出，人误的定义主要集中于三个关键词，即人的行为、期望结果（目标）和偏差。基于上述人误含义的分析及共性的特征总结，可将人误定义为：由于人的原因，导致所执行的任务、动作与要求的、预期的结果或规范出现偏差的行为。

3. 不安全行为与人误的关系

从上述分析可以看出，不安全行为与人误是两个相互交叉，但又有区别的概念。两者在侧重点、范围和使用领域方面均有很大区别。人误强调人的行为与预定或规定目标或标准的偏差，侧重于行为的不良后果。不安全行为重点强调的是行为本身，即行为本质上是安全的或是不安全的。对工矿企业而言，人误包括管理决策与控制失误、技术设计与实施失误、一线作业人员操作失误及违章行为等，其中一线作业人员的操作失误及违章行为基本等同于本书所指的不安全行为。因此可以得出结论，人误与不安全行为是两个不同的概念，不安全行为是导致人误的一个重要原因或重要组成部分。

4. 本书对不安全行为的定义

基于上述分析和本书的研究目的，本书将不安全行为定义为有可能直接导致安全事故的疏忽行为和冒险行为。该定义包含两层含义：①不安全行为是可能直接导致安全事故的行为，也就是说有可能间接引发事故的管理决策失误、设备的设计维修失误等人因失误不属于本书所指的不安全行为。②不安全行为是一种疏忽行为、冒险行为。因此，不安全行为具体包括两方面的行为：一是具有行为意向性冒险行为，即意向性不安全行为；二是由于个性特征、知识、经验、组织安全管理、群体规范等因素导致的疏忽和遗忘行为。

（二）不安全行为的分类

对不安全行为的有效分类是开展不安全行为实证研究的重要前提。采用哪一种分类方法主要取决于相应的研究目的。目前对不安全行为的分类虽有很多种，但基本上可以归为三类，即工程分类方法、认知行为分类方法和基于行为外在表现的分类方法。

工程分类方法是在不安全行为或人误行为研究中长期居于支配地位的一种分类方法。Meister（1962）把人误分为设计失误、操作失误、装配失误、检查失误、安装失误和维修失误六类。Swain（1962）把人误分为两类：执行性错误（EOC）和遗漏型错误（EOO）。Hammer（1963）则将人误表现细化为遗漏型、执行型、多余型、顺序型、时间型、选择型、质（数）型七类。

随着心理学理论的发展及其与工程管理理论的融合，许多学者从认知行为的角度对不安全行为进行了分类。Norman（1981）将人误分为三类：在意向形成中产生的失误，图式结构被错误地激活，已激活图式结构的错误触发、混淆或恰当的图式结构没有得到及时激活。Reason 把人的不安全行为分为两大类（见图 1.1）：一类是执行已形成的意向计划过程中的失误（包括疏忽或遗忘），另一类是建立意向计划中的失误（包括错误和违反）（何旭洪、黄祥瑞，2007）。这与我国国内目前将不安全行为分为“有意不安全行为”与“无意不安全行为”的分类方法类似。Rasmussen（1987）提出了人的三种行为类别（技能型行为、规则型行为、知识型行为）差异，分别代表三种不同的认知绩效水平。Ramsey 等（1986）通过对两个工厂可能导致事故的不安全行为进行归类。发现员工行为中约有90%的行为是安全的，有10%的行为是不安全的。在不安全行为中，约73%是与工人相关的，22%是与工具、材料或设备相关的，有5%是与处理材料的设备相关的。

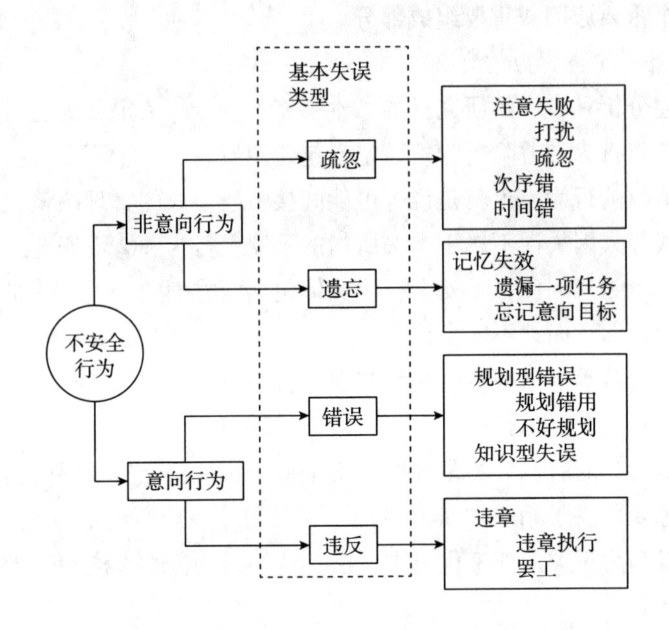

图1.1　Reason关于不安全行为的分类框架

资料来源：何旭洪，黄祥瑞．工业系统中人的可靠性分析：原理、方法与应用［M］．北京：清华大学出版社，2007.

工程分类方法和认知行为分类方法虽有助于不安全行为或人误行为的研究，但不利于组织对其进行具体的检查、监督与管理。因此，在组织内部，往往采用基于行为外在表现的分类方法。美国国家标准学会（American National Standards Institute，ANSI，1963）定义了13类不安全行为。我国的《企业职工伤亡事故分类标准》也将不安全行为划分为类似的13类，这种分类方法主要用于安全事故的统计上报。

本书主要采用Reason的分类方式，即把不安全行为分为非意向性不安全行为和意向性不安全行为，本书重点进行意向性不安全行为的研究。为便于测量，将意向性不安全行为进一步划分为未被发现或未被记载的不安全行为，以及被企业检查并记载的不安全行为两个类别。

二、研究的主要理论基础

近百年来，随着对事故致因研究的不断深入，出现了许多事故致因理论。这些理论均对人因相关的因素进行了不同程度的论述或评价。此外，20 世纪 90 年代末提出的计划行为理论，认为行为意向是行为的有效预测变量，应关注行为意向的研究和分析；21 世纪初提出的情感事件理论，认为工作事件通过情感反应和工作态度的中介作用对行为产生影响。这些理论是本书的重要理论基础。此外，本书大量关注相对剥夺感对员工不安全行为的影响机制，因此相对剥夺理论也是本书的重要理论基础。对计划行为理论、相对剥夺理论和事故致因理论进行介绍和回顾如下：

（一）计划行为理论

计划行为理论是在理性行为理论基础上发展完善而来。理性行为理论认为行为直接决定于行为意向，行为态度和主观规范对行为意向产生影响（ICEK，1985，1991）。由于理性行为理论认为意志对行为有主要控制作用，使该理论的适应性和解释力存在较大局限。基于上述原因，Ajzen（1985，1991）在理性行为理论的基础上，提出了计划行为理论。计划行为理论模型见图 1.2。

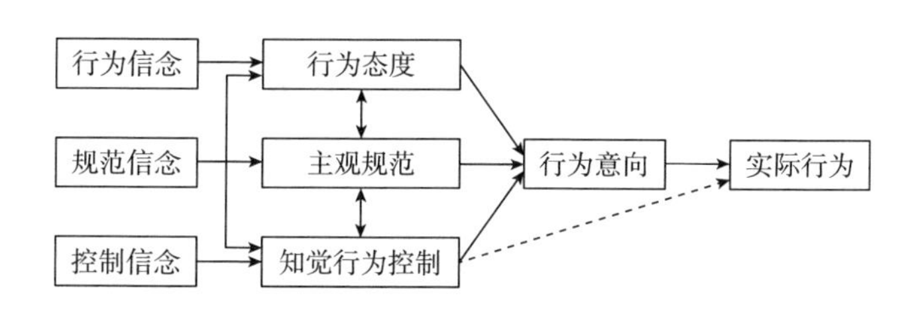

图 1.2　计划行为理论模型

近年来，以计划行为理论为理论基础，研究意向性行为影响因素的成果较多。一些研究表明，计划行为理论对离职倾向等意向性行为有较好的适用性和解释力，因此，计划行为理论对研究不安全行为的意向和不安全行为的关系及其影响因素，也应具有较好的适用性。考虑到不安全行为是一种负面消极行为，而且不安全行为意向与不安全行为之间，还存在较大的“意向—行为”豁口，因此还有必要进一步探讨不安全行为意向和不安全行为之间的作用机制。相对剥夺理论以其对负面工作行为的预测而逐渐引起学术界的重视，因此了解相对剥夺感的相关理论，并检验相对剥夺感对不安全行为意向和不安全行为的预测力，也富有理论意义和实践价值。

（二）相对剥夺理论

1. 相对剥夺感的概念界定和操作性定义

相对剥夺感（Relative Deprivation，RD）自20世纪40年代提出以来，各个领域的研究人员都对其进行了研究，目前相对剥夺感研究的主要学科领域集中在心理学、社会学、政治学、管理学和经济学等领域（Smith H J et al.，2012a、2012b）。

社会学家Stouffer和他的同事在1949年针对“二战”时期美国士兵的研究发现，在升迁较慢的部队里，士气却比较高，但在升迁较快的部队里，士气却比较低落，在该研究中他们较早使用了相对剥夺的术语。社会学家墨顿（Merton）在1957年出版的《社会理论与社会结构》一书中对相对剥夺感做了系统阐释。后来Crosby和Faye（1976）做了进一步延伸、发展并提出了相对剥夺感的整合模型。

Smith和Walker（2002）认为，相对剥夺感是个体与参照个体或参照群体相比，对自身处于不利地位的一个自我感知，这种不利的感知源于其与参照对象的比较，而不是源于与参照对象绝对条件的劣势事实。因此，相对剥夺感是社会比较的结果，是经常与参照对象进行比较而产生的消极认知与情感（熊猛、叶一舵，2016）。相对剥夺感的参照对象可以是个体，也可以是群体（张书维、王二平、周洁，2010）。参照群体的选择是相对剥夺感产生的主要根源，这种剥夺感与他们自身利益的实际增减并无直接联系，当他们认为自身利益的增加速率与参照群体利益增加的速率相比，自身利益实际或相对减少时，就会产生不公平感或被剥夺感，这说明相对剥夺感主要反映的是个体或群体与参照对象进行比较而产生的主观性的、消极的感受和心态。

关于相对剥夺感的操作性定义，许多学者认同Runciman的四因素论和Crosby和Faye的五因素论。社会学家Runciman（1966）对相对剥夺感进行操作性定义，认为个体产生相对剥夺感必须满足四个必要条件：①看见其他相似的人拥有X；②想要X；③感觉有权利拥有X；④认为拥有X是可行的。Crosby和Faye（1976）提出了一个整合的五因素模型（在Runciman的四个决定因素基础上，加入了第五个因素，即缺乏对获得X的责任感）。根据Crosby和Faye的观点，只有这五个条件同时具备，个体才会产生相对剥夺感。

2. 相对剥夺感的测量

自20世纪70年代相对剥夺感的模型被提出以来，相对剥夺感受到了社会学、心理学、经济学等领域研究者的广泛关注，也取得了较多的研究成果。但通过查阅国内外文献发现，国内外尚未形成通用的、权威的相对剥夺感量表。现有的相对剥夺感的主要测量工具或方法见表 1.1。

表 1.1 相对剥夺感测量量表汇总

来源	题项和维度	维度	研究对象（样本量）	评价
Walker（1999）	6 个题项，认知—情感 RD 双维结构模型	个体认知 RD、个体情感 RD	加纳当地员工（80）	
Cantril（2001）	个体—群体 RD 的双维结构模型	个体 RD、群体 RD	个体（2000）	仅测量了认知成分
Tropp 和 Wright（1999）	5 个题项 2 个维度	个体 RD、群体 RD	拉丁裔和非洲裔美国人（302）	
Callan（2008）	4 个题项 2 个维度	个体认知 RD、个体情感 RD	特殊群体（大学生）（300）	
Zagefka（2013）	2 个题项 2 个维度	认知 RD、情感 RD	英国大学生（189）	经济状况越差，相对剥夺越高
Osborne 和 Sibley（2013）	4 个题项 4 个维度	个体—群体 RD 和认知—情感 RD	新西兰成年人（6886）	未报告总量表和各个因子的信效度
郭燕梅（2013）	以收入、住房、社保、医疗、权力等指标得分代表相对剥夺程度	个体 RD	旅客（102）	
马皑（2012）	4 个题项 1 个维度	个体 RD	城乡家庭中的成年人（6175）	结果在推广时受到限制
熊猛（2015）	20 个题项二阶双因素 4 个维度	个体认知—情感 RD、群体认知—情感 RD	流动儿童（625）	研究结果在推广时受到限制

通过对相对剥夺感的概念、理论基础和测量的研究文献回顾可以发现，当前学术界对相对剥夺感的研究还存在一些不足：一是对相对剥夺感内容的研究不够充分。当前对相对剥夺感的认知成分关注较多，但对相对剥夺感的情感成分的测量和应用研究较为缺乏（张书维、王二平、周洁，2010）。此外，还有学者认为应从个体—群体相对剥夺感的不同视角对相对剥夺感进行研究。二是现有研究缺

乏对企业员工相对剥夺感的深入系统研究，以往研究大多以少数族群和弱势群体为研究对象，这些相对剥夺感的研究结论较难推广应用到企业情境中的员工。三是缺少较高信度和效度的相对剥夺感测评工具（马皑，2012）。现有研究采用的相对剥夺感的测评工具和测评方法差异较大，导致了各项研究结果之间无法进行有效比较。而且，以往相对剥夺感的测量工具大多存在测量题目偏少、信效度不够理想等问题。

基于上述原因，以比较理论和公平理论为基础，结合相对剥夺感的相关研究结论，采用心理测量的理论与方法，编制适合企业员工使用的相对剥夺感量表十分必要。

3. 相对剥夺感的结果变量

相对剥夺感的结果变量主要集中在心理健康、幸福感、个体行为、群际态度及群体行为等方面。

相对剥夺感对心理健康的影响。Mishra S 和 Carleton R N（2015）以大量的流行病学证据为基础，考察多样化社区中 328 名被试的相对剥夺感与身心健康的关系，结果表明了相对剥夺感与较差的身心健康显著相关。Petzold M（2016）以 6330 名 4～16 岁的儿童为被试，探究北欧国家之间的父母经济压力和儿童心理健康的相关性以及年龄、性别差异，研究结果表明，在父母报告经济压力的情况下，儿童有更多的心理问题，但在研究中没有观察到显著的年龄或性别差异。Sophie Wickham 等（2014）的研究也发现相对剥夺感与心理健康问题显著相关。还有学者发现，相对剥夺感还会使个体产生显著的抑郁（Abrams and Grant，2012），甚至会产生自杀的想法（Zhang and Tao，2013）。Osborne、Smith 和 Huo（2012）通过对美国公立大学教师的研究发现，个体相对剥夺能显著地负向预测教师的心理健康和身体健康。因而，相对剥夺感应被视为心理健康的重要决定因素。

相对剥夺感对幸福感的影响。Anning（2013）通过对政府机构和事业单位中员工的相对剥夺感和幸福感的研究表明，员工在获得高工资、综合福利和行政公权力操纵的优势下将显著减少相对剥夺感，并进一步促进员工的幸福感。也有研究发现，个体相对剥夺能显著影响个体的幸福感。

相对剥夺感对个体行为意愿和个体行为的影响。Zoogah（2010）的研究发现，感受到相对剥夺感的员工会减少参与企业未来发展活动中的意愿。Follmer（2017）等对不同行业和职业的 81 个人进行访谈，提出了个人—环境适应性理论，当个人相对剥夺感较高时，会通过改善、换班和辞职来解决，并减少在组织中的建言。Van Dyne 和 Ellis（2005）研究发现，在企业里产生相对剥夺感的员工，主要通过沉默、反抗、辞职和改善自我的行为来应对。此外研究还表明，相对剥夺感还会增加个体的赌博行为（Callan，2008）。

相对剥夺感对群际态度和群际行为的影响。Duckitt 和 Mphuthing（2002）开发了群体相对剥夺感量表并进行了后续研究，结果表明相对剥夺感能显著影响个体的群体间态度。Aleksynska（2011）在对移民态度形成的研究中，于 2001 ~ 2002 年在基辅进行了两次数据收集，第一次调查了基辅的 1000 名本地人，第二次调查了来自 23 个非洲和亚洲国家移民到基辅的人，结果发现，对移民的偏见只在低估自己福利的本地人中有显著的效应，在高估自己福利的本地人中效应不显著。Osborne 和 Sibley（2013）对新西兰的成年人的研究揭示了群体相对剥夺与政治诉求活动的支持倾向的显著正相关。

显然，关于相对剥夺感研究对象和结果变量的研究，主要关注社区民众、儿童、大学生、族群等的心理健康、幸福感、集群行为等问题。现有研究较少以企业员工为研究对象，关注相对剥夺感对员工行为的影响和作用机制，特别是缺乏相对剥夺感与员工反生产行为、不安全行为等消极工作行为的关系及作用机制的研究。

（三）事故致因理论

事故致因理论从人的角度分析导致事故发生的原因，先后经历了事故频发倾向理论、事故遭遇倾向理论、事故因果理论、管理失误论、人失误主因论、轨迹交叉理论等阶段。不同事故致因理论分析的角度不同，但均呈现出一个共同的结论，即人因对事故具有重要影响，对人的因素的研究和评估是安全管理的一个永恒主题。但有关理论对人的行为导致事故的规律、机理还未有共同一致的认识。事故致因理论参考隋鹏程等编著的《安全原理》，此处不再赘述。

第三节 研究框架和研究内容

一、现有研究存在的不足

从上述回顾分析可以发现，工矿企业的安全生产事故主要是由员工行为安全问题引起的，通过深入研究员工不安全行为的影响因素及其作用机制，对员工不安全行为进行有效干预和控制，是提升工矿企业安全生产水平的重要路径。工矿企业的行为安全问题归根结底是员工不安全行为的管理问题。目前，对不安全行为的研究还存在以下方面的不足：

（1）缺乏公认的不安全行为概念。由于缺乏公认的不安全行为概念，对不安全行为概念的内涵与外延的界定存在争议。因而在研究设计或管理实践中，对不安全行为分类存在差异，将不安全行为、人误、违章等概念混淆，对行为安全研究及实践带来许多困扰。

（2）对不安全行为的量化研究存在不足。关于不安全行为研究的数据，或来自于员工的违章记录，或通过分析事故原因追溯而得，或通过实验方法进行估计与计量等，这些方法都存在一些不足。如违章记录只是员工不安全行为被监管人员发现并记录的数据，很难完全反映不安全行为的实际发生特征和规律。通过事故追溯方法分析不安全行为同样存在类似的问题。通过实验方法分析不安全行为，至少存在两方面不足：一是工矿企业作业环境复杂，无法有效仿真模拟员工的生产作业环境；二是受关注效应影响，难以保证员工在参与实验时与真实工作状况下表现一致。

（3）缺乏对不安全行为意向影响因素及其作用效果的深入研究。计划行为理论认为，行为意向是行为的最重要预测变量，因此不安全行为意向也将是不安全行为的重要预测变量。但现有研究对不安全行为意向的测量、不安全行为意向与不安全行为的关系以及不安全行为意向的影响因素及其作用机制还缺乏系统的研究。

（4）员工心理因素对不安全行为的影响研究还存在不足。在经济结构转型升级背景下，工矿企业员工原本较高的社会经济地位逐渐让位于新经济企业员工，其经济收入也相对下降，因而工矿企业员工的相对剥夺感处于较高水平，这种变化对工矿企业员工的心理造成较大冲击，但这些冲击是否成为工矿企业安全生产事故回升的重要诱因，还缺乏足够的关注和实证检验。

（5）个体特征、组织特征和环境因素对不安全行为的影响和作用机制研究，尚存在较大的研究空间。由于缺乏对个体特征、组织特征、环境因素与不安全行为关系的中间变量的研究，使得对不安全行为发生规律的理解，在一定程度上仍然处于“黑箱”状态，对相关影响因素如何作用、如何影响员工的不安全行为决策和不安全行为执行，还缺少足够的实证研究证据，因此以事故致因理论为基础，进一步实证检验相关因素对不安全行为的作用机制仍然必要。

二、研究框架

本书的整体研究框架如图 1.3 所示。首先，进行研究回顾和研究设计。主要对选题背景和研究意义进行阐述，对行为安全和不安全行为的关系进行介绍，然后对不安全行为与人误等概念进行界定和辨析，并对研究涉及的主要理论进行回顾。其次，分别从计划行为理论、相对剥夺理论和事故致因理论的视角，从八个方面开展对不安全行为影响因素的研究。最后，对整体研究进行总结和展望。

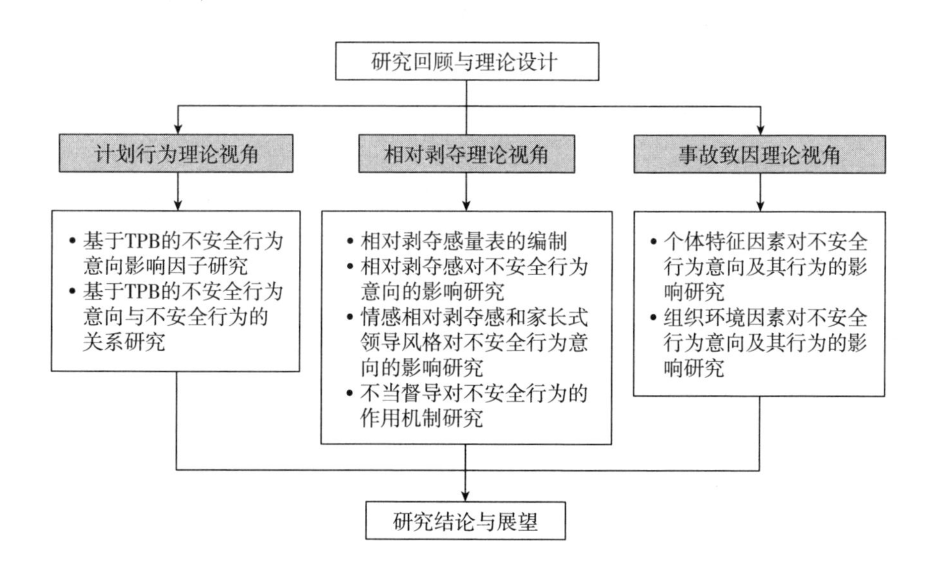

图 1.3 整体研究框架

三、研究内容

本书的主要内容包括以下五部分：

（一）选题背景、研究意义及理论回顾

主要对本书的研究背景和研究意义进行论述，对行为安全与不安全行为的关系进行介绍，对不安全行为的概念和分类进行辨析，并对研究涉及的主要理论基础进行回顾。在此基础上，对本书的整体研究内容和结构进行说明。

（二）计划行为理论视角下的工矿企业员工行为安全问题研究

主要基于计划行为理论，开展以下两方面的研究：

1. 不安全行为意向影响因子的研究

基于计划行为理论（Theory of Planned Behavior，TPB）和因子分析（Factor Analysis）的统计思想，研究不安全行为意向的主要影响因子。主要工作分为三部分：一是编制不安全行为意向及不安全行为的初始调查问卷，对问卷质量和结构进行优化，形成正式的不安全行为及其影响因素的调查问卷；二是对工矿企业一线员工进行不安全行为意向调查，采用 PASW 进行探索性因子分析；三是根据因子分析结果，优化调查问卷，再对工矿企业生产一线员工进行调查，调查数据采用 AMOS 进行验证性因子分析，最终形成不安全行为意向的因子结构模型。

2. 不安全行为意向与不安全行为的关系研究

基于计划行为理论（TPB），在假设不安全行为意向能够较好预测不安全行为的前提下，研究不安全行为意向的主要影响因子，主要检验不安全行为意向是否受班组安全氛围、安全态度、不安全行为认知偏差等因素的显著影响。本部分还将讨论不安全行为的测量方法，分析不安全行为与不安全行为意向的关系，并对这些变量间关系的假设进行检验。

（三）相对剥夺理论视角下的工矿企业员工行为安全问题研究

主要基于相对剥夺理论，以工矿企业员工为研究对象，开展了以下研究：

1. 相对剥夺感量表的编制

鉴于当前缺乏企业员工相对剥夺感有效测量工具的研究现状，将在相对剥夺理论及其相关研究回顾的基础上，借助心理学和社会学量表编制方法，编制具有较高效度的个体相对剥夺感量表和群体相对剥夺感量表。

2. 相对剥夺感和行为安全监管对不安全行为意向的影响研究

以不安全行为意向为因变量，检验相对剥夺感对不安全行为意向的影响，以及行为安全监管对相对剥夺感和不安全行为意向关系的作用机制。在具体研究中，考虑到相对剥夺感的两个维度及先后逻辑关系，将认知相对剥夺感和情感相对剥夺感作为两个独立变量，进行变量间假设关系的检验。

3. 情感相对剥夺感和家长式领导风格对不安全行为意向的影响研究

工矿企业管理者的管理风格，较大程度上受家长式领导风格的影响，主要表现为仁慈领导和威权领导，这些领导风格可能会对情感相对剥夺感和不安全行为意向的关系产生不同影响，因此本部分研究主要以工矿企业员工为研究对象，检验情感相对剥夺感和家长式领导风格对不安全行为意向的作用机制。

4. 不当督导对员工相对剥夺感及其不安全行为的影响研究

基于工矿企业普遍存在的不当督导方式，检验不当督导对员工相对剥夺感和不安全行为的影响，以及组织内信任对不当督导和员工相对剥夺感的调节效应。研究过程中，依然将相对剥夺感分解为认知相对剥夺感和情感相对剥夺感两个变量进行研究，以详细检验相关变量间的作用机制。

（四）事故致因理论视角下的工矿企业员工行为安全问题研究

主要基于事故致因理论，以工矿企业员工为研究对象，开展了以下两方面的研究：

1. 个体特征变量对不安全行为及其意向的影响研究

本部分研究基于事故致因理论及访谈结果，分析尚存在争议的一些个体特征变量对不安全行为意向及不安全行为的影响。同时采用多自变量、多因变量析因方差分析方法，分析有关人口统计学变量与员工不安全行为意向和不安全行为的关系。

2. 组织环境变量对不安全行为及其意向的影响研究

一些不安全行为意向和不安全行为是由社会环境、物质环境和员工在这些环境中的工作的体验所引发的。因此，本部分主要研究组织及环境因素对不安全行为意向及不安全行为的影响。

（五）结论与展望

主要对本书研究获得的结论进行概括和总结，对研究存在的不足进行分析和阐述。

第二部分

基于计划行为理论的员工行为安全问题研究

第二章　基于 TPB 的不安全行为意向影响因子研究

本章基于计划行为理论和因子分析的统计思想，研究不安全行为意向的主要影响因子。主要工作分为三部分：一是通过编制不安全行为意向及其行为的初始调查问卷，对问卷质量和结构进行优化，形成正式的不安全行为及其影响因素的调查问卷；二是对工矿企业一线员工进行不安全行为意向的调查，采用 PASW 进行探索性因子分析；三是根据因子分析结果，优化调查问卷，再对工矿企业生产一线员工进行调查，调查数据采用 AMOS 进行验证性因子分析，最终形成不安全行为意向的因子结构模型。

不安全行为对企业尤其是工矿企业具有很强的危害。尽管对不安全行为的研究已有 70 多年的历史，但目前不安全行为的干预与控制还不够理想，不安全行为依然是工矿企业安全事故的重要致因，对不安全行为发生规律的探索和干预依然是行为安全研究领域的重要课题。计划行为理论认为，对主观意志能够控制的个体行为，行为意向是重要的预测变量。所谓行为意向是指个体发生某类行为的主观倾向。不安全行为作为一类负面工作行为，是否显著受到不安全行为意向的影响？如果受不安全行为意向的影响，那么不安全行为意向如何测量？不安全行为意向与不安全行为关系是怎样的？这些问题是本章及第三章关注的核心议题。

计划行为理论的研究和应用大多集中于创业（莫寰，2009）、消费（杨智、董学兵，2011）、知识管理（冯媛，2009）等非负面工作行为，而针对组织不安全行为等负面行为的研究相对较少。以计划行为理论为基础对安全方面的研究，目前主要是关于自行车骑行不安全行为（张磊、任刚、王卫杰，2010）、侵犯驾驶（丁靖艳，2006）、员工违章行为（王丹，2011）及企业安全文化氛围（Fogarty and Shaw，2010）等方面的研究，针对企业员工不安全行为意向因子的研究较为少见，也缺乏较高信度的量表可供参考。因此，在研究不安全行为意向主要影响因素时，需要认真分析计划行为理论的本质特征，结合企业员工不安全行为的特征和内涵，对不安全行为意向进行分析。

第一节　不安全行为意向影响因子的理论分析

虽然行为意向受行为态度、主观规范、知觉行为控制等的影响。但 Fishbein 和 Ajzen（1975）和 Johnston（2004）也指出，行为态度与主观规范对行为意向的预测作用的相对重要性并非一成不变，而是一个关于特定人群与特定行为的函数（于丹，2008）。因此，针对工矿企业员工的不安全行为，行为态度、主观规范、知觉行为控制对不安全行为意向的预测作用需要进行具体的分析和研究。

从经验的角度来看，员工对不安全行为的态度应该是负面的。但员工对实施不安全行为带来的生理、心理、经济、时间等方面在效价判断上存在差异，员工间不安全行为意向与实际发生的不安全行为均有较大差异。

员工不安全行为的主观规范也有多个来源，比如员工的家人、朋友、上司、所在的企业或者班组。因此，厘清员工不安全行为的主观规范的来源对干预员工不安全行为也有重要意义。

此外，不安全行为作为一类负面工作行为，具有不同程度的风险，所以员工所在家庭、组织等对不安全行为均会有不同程度的负面评价，将对员工不安全行为产生一定程度的约束性规范，而且多数情况下员工对不安全行为的风险、后果可能已有较为清醒的认识和判断。

由于缺乏其他理论或实证研究供参考，本书假定计划行为理论对员工不安全行为也具有适用性。则依据计划行为理论，初步假定不安全行为意向也呈三维结构，即不安全行为意向也分别表现在行为态度、主观规范和知觉行为控制三个方面。在初步假定的基础上，根据不安全行为的特殊性，将通过理论分析和访谈，从多个方面考虑、测量员工不安全行为意向的结构和影响因素。

第二节　不安全行为意向影响因子的访谈分析

在安全行为方面，国内外对安全意识有较多的论述。但对不安全行为意向的研究比较少，尤其是针对煤矿企业员工不安全行为意向的研究更为鲜见。因此，在探索员工不安全行为意向的结构之前，研究者要对煤矿企业员工不安全行为进行探索性访谈，以便有针对性地编制有关量表，开展探索性因子分析和验证性因子分析。

一、访谈提纲

访谈之前，研究者根据访谈目的编写了访谈提纲（见表 2.1），访谈采取半结构化访谈的形式进行。

表 2.1　半结构化访谈提纲

（1）说明访谈目的和用途
（2）了解访谈企业的背景资料和安全管理现状
（3）了解对员工不安全行为检查、管理的制度、方式和手段
（4）你觉得不安全行为对单位的安全的危害程度如何？哪些不安全行为比较高发？为什么？
（5）你认为哪些原因导致不安全行为的发生？（根据回答情况请访谈对象从个体特征、发生时间、发生规律、组织安全监管与处罚、作业环境等方面更进一步说明自己的看法）
（6）哪些方式有助于降低不安全行为？（根据回答情况请访谈对象从改变员工对不安全行为态度、营造组织安全氛围、强化组织安全监管等方面陈述看法，并对相关方式重要性进行排序）
（7）你认为哪些方法有助于降低不安全行为的发生？
（8）你对不安全行为的发生原因还有什么看法？
（9）你对不安全行为的干预和控制还有什么看法？

二、访谈对象

访谈的主要目的是对煤矿企业员工不安全行为意向进行定性方面的探索。访谈主要在 KL 能源化工有限责任公司下属的两个矿井展开。之所以选择这两家企业，主要对以下三方面进行考虑：一是距离较近，访谈比较便捷；二是作者在该公司工作多年，便于开展相关访谈；三是两矿井所具有的典型性和代表性，因为

KL集团公司是我国最早实现机械化开采的煤炭企业之一，FGZ矿和LJT这两个生产矿井是KL集团公司下属的主体生产矿井，也是我国投产时间较久的两个国有矿井。其中LJT矿业公司煤炭赋存和地质条件较为复杂，原先设计、采用的是水采工艺，到2004年全部转型为综采工艺。2001年6月，以FGZ矿业公司、LJT矿业公司为生产主体，组建成立了KL精煤股份有限公司，该公司于2004年4月在上海证券交易所公开发行上市，是煤炭行业上市公司的样板企业之一。

由于不安全行为高发群体主要是井下一线作业人员。因此访谈的主要对象是煤矿井下一线作业人员和煤矿安全监管人员。受访者年龄在20岁到55岁之间，教育水平在初中到硕士研究生之间，工作年限不等，以确保访谈结果的代表性。两个矿井的基本信息及访谈人数统计资料见表2.2。

表2.2　访谈企业概况及访谈人数统计

公司名称	FGZ矿业公司	LJT矿业公司
建矿时间	1958年	1959年
投产时间	1964年	1968年
瓦斯等级	低瓦斯矿井	低瓦斯矿井
2011年实际产量	450万吨	300万吨
采煤工艺	综采	2004年水采转综采
访谈对象主要单位	开拓、综采、机电	通风、开采、开拓
访谈人数	7	9

三、访谈过程与访谈结论

访谈的目的主要是了解煤矿员工不安全行为的主要特征，深入分析挖掘导致员工产生不安全行为意向及导致不安全行为的主要原因。访谈主要过程如下：

首先请相关人员表述导致不安全行为的主观诱因。其次收集第一轮访谈结论，并将结论反馈给访谈对象，让被访谈者评价第一轮的访谈结论，重点请其评价受访者未曾提及的因素（包括已有文献论述的因素以及其他访谈者提及的因素）。最后对第二轮访谈结论进行整理分类。

通过访谈分析，发现受访者对导致不安全行为意向由行为态度、主观规范和知觉行为控制三方面影响因素的理论观点较为认可。但访谈对象也提出，针对煤矿企业，员工对主观规范理念和认知更多来源于所在班组，因此在编制问卷时考虑增加编写班组安全方面的问卷项目。

第三节 不安全行为及其意向影响因子问卷的编制与修订

不安全行为意向是指个体对易导致安全事故的负面工作行为所持有的认同、肯定的态度乃其尝试倾向。社会心理学和行为科学均将态度作为主要研究变量，探究个体态度与其他相关变量间的关系，但目前还缺乏针对不安全行为意向的研究，更缺乏这方面的量表。所述探索分析所提及的几个因素均属于潜在变量，需要进行操作化的转换及其信度、效度的检验。

不安全行为意向受个体特征、组织、环境等方面多因素的影响，有些影响因子已得到证实，但也有一些因素是否有影响还存在一些争议。此外，不安全行为意向对不安全行为影响有多大，也还缺乏实证化的有效研究。不安全行为影响因素量表的编制，就是要将相关可能或比较有争议的潜在变量进行操作化定义和分析，这就需要在了解量表特征要求的基础上进行量表的编制和优化。

一、不安全行为及其意向问卷的特征要求

不安全行为量表的范畴与态度量表较为接近。因此，不安全行为量表应满足态度量表的相关要求，如方向性、强弱性、多面性、可读性、辨别尖锐性等特征：

（1）方向性。不安全行为意向的每一项目，都应有正反两个方向，如赞成与反对、同意与不同意、喜欢与厌恶等。然而，因为正向两个方向只能对个体不安全行为意向进行大致分析，不利于进一步的量化分析。因此，要考虑对不安全行为意向的两个方向进行进一步分级，即考虑两个方向的强弱程度。

（2）强弱性。强弱性是指对不同不安全行为意向项目持赞同、反对或同意、不同意的强弱程度。态度量表一般采用 Likert 量表法来衡量其强弱性。如采取四级、五级、六级乃至七级、九级量表法等。本书主要采取六级量表法。

（3）多面性。多面性是指测量对象不同层面的组成种类和差异。对不安全行为意向而言，包括对不安全行为的态度、对组织不安全行为管控的认知、对不安全行为后果严重性的评估（不安全行为行动倾向）等多个层面，因此需要从多方面进行评估和研究。

（4）可读性。可读性是指测量项目易于被测试对象阅读或理解的程度。由

于一线操作岗位人员学历文化差异较大，尤其是高中及以下学历人员占有较大比重，所以在问卷项目的设计中，需要考虑对长句、专业性术语等方面的控制。

（5）辨别尖锐性。辨别尖锐性是指量表能够区分对测量对象有不同态度和行为倾向的程度。因此，可以在建立项目池后采用辨别力筛选方法优选具有良好辨别尖锐性的项目。

二、问卷编制的主要流程和步骤

不安全行为意向量表的编制流程和步骤分别参考杨国枢等（2006）和德维利斯（2010）的有关建议，并根据研究需要按如下步骤展开：

（1）明确量表测量的对象。本书的测量对象是煤矿员工的不安全行为意向，以及导致不安全行为意向的个体特征、组织、环境和管理因素。因此，在项目池创建、预测、分析等阶段，均邀请安全管理人员和生产一线操作人员参与和配合。

（2）搜集、凝练不安全行为意向及不安全行为影响因素项目。首先通过头脑风暴法，收集有关对不安全行为意向及不安全行为影响因素的各种表述。其次对相关表述进行合并、汇总。最后选择一些被试对象对合并、汇总的表述进行试答，对表述模糊、容易产生歧义的项目进行修正。针对不安全行为意向搜集有关项目，并以赞同或反对的形式叙述。

（3）选择被试对象进行预测试。对每条问卷表述项目的同意或赞同程度分为6级，即非常不同意、不同意、有点不同意、有点同意、同意、非常同意。对于正向赋分项目，分别按照1分、2分、3分、4分、5分、6分作为赋分标准；对于负向赋分项目，分别按照6分、5分、4分、3分、2分、1分的标准赋分。研究中共选择了24名被试对象进行预测试。其中，安全研究方面的研究生3名，本科生2名，煤矿安全监管人员4名，煤矿生产一线技术和管理人员4名，一线操作岗位人员11名。

（4）进行项目辨别力筛选，精简问卷项目。主要包括三个环节：首先，对每个被测对象的项目得分进行汇总，表示每个被试对象对不安全行为意向的强弱。加总分越高，表明不安全行为意向越高；总分越低，表明不安全行为意向越弱。其次，对每个对象测试加总分进行排序。选择不安全行为意向加总分最高的6人（24×25%）和不安全意向加总分最低的6人（24×25%）作为两对计算对象。再次，分析两组被试人员在每一项目上平均分的差异，作为每一项目辨别力得分。项目平均分差异越大，表明项目辨别力越强；项目平均分差异越小，表明项目辨别力越弱。最后，剔除辨别力最弱的项目。最后确定了不安全行为意向及不安全行为影响因素的整体问卷。

此外，为降低员工对问卷调查的顾虑和抵触，把问卷名称确定为“员工职业安全现状调查问卷”。

第四节　不安全行为意向影响因子研究

一、分析方法和分析工具

对不安全行为意向影响因子的研究以计划行为理论为基础，通过已编制的不安全行为及其意向问卷，先后对 9 个煤矿的有关人员进行调查。调查数据的分析主要采用探索性因子分析和验证性因子分析方法。探索性因子分析主要使用 PASW18.0 软件包进行分析和测试，验证性因子分析主要使用 AMOS17.0 软件包进行分析和测试。因子分析模型的主要理论依据如下：

（一）一般因子分析模型

因子分析可以看作是主成分分析的一个推广。主要思路是从原始变量相关矩阵内部的依赖关系出发，通过降维运算，寻找较少的公共因子（潜在随机量）去描述许多错综复杂变量的协方差关系，达到减少变量个数的目的。

因子模型的推动是基于一个假定：可以通过变量的相关性将他们分成若干组。通俗地讲，就是假设某特定组内的全部变量是高度相关的，但与不同组中的变量有较小的相关性，因而可以抽取各组变量有代表或象征性的单一潜在结构（因子），从而对复杂变量关系给予简效的解释和说明。因子分析的基本模型如下（何晓群，2004；约翰逊·理查德·A、威克恩·迪安·W，2008）：

假定有 n 个对象，每个对象有 p 个观测指标。则有 p 个指标的观测随机向量 X、均值 μ 和协方差矩阵 Σ。因子模型要求 X 为线性依赖于数个不能观测的随机变量（公共因子）F_1、F_2、F_3、…、F_m 和 p 个误差（特殊因子的变差源 ε_1、ε_2、ε_3、…、ε_p）。如果：

(1) 观测随机向量 $X=(X_1, X_2, \cdots, X_p)'$，$E(X)=0$，协方差矩阵 $\mathrm{cov}(X)=\Sigma$，且协方差矩阵 = 相关阵 R；

(2) 不可观测变量 $F=(F_1, F_2, \cdots, F_m)'$，$E(F)=0$，协方差矩阵 $\mathrm{cov}(F)=I$，即向量 F 的各个分量相互独立；

(3)$\varepsilon=(\varepsilon_1, \varepsilon_2, \varepsilon_3, \cdots, \varepsilon_p)'$与 F 相互独立，且 $E(\varepsilon)=0$。ε 的协方差矩阵为对角矩阵：

$$\mathrm{cov}(\varepsilon)=E(\varepsilon\varepsilon')=\underset{(p\times p)}{\Psi}=\begin{bmatrix}\delta_{11}^2 & 0 & \cdots & 0\\ 0 & \delta_{22}^2 & \cdots & 0\\ \vdots & \vdots & \ddots & \vdots\\ 0 & \cdots & \cdots & \delta_{pp}^2\end{bmatrix} \tag{2-1}$$

ε 的各个分量间也相互独立。则因子分析模型是：

$$\begin{cases}X_1-\mu_1=l_{11}F_1+l_{12}F_2+\cdots+l_{1m}F_m+\varepsilon_1\\ X_2-\mu_2=l_{21}F_1+l_{22}F_2+\cdots+l_{2m}F_m+\varepsilon_1\\ \vdots\\ X_p-\mu_p=l_{p1}F_1+l_{p2}F_2+\cdots+l_{pm}F_m+\varepsilon_1\end{cases} \tag{2-2}$$

或用矩阵形式表示的因子模型为：

$$\underset{(p\times 1)}{X}=\underset{(p\times 1)}{\mu}+\underset{(p\times m)}{L}\underset{(m\times 1)}{F}+\underset{(p\times 1)}{\varepsilon} \tag{2-3}$$

公式(2-3)中，μ 为变量 i 的均值；ε 为第 i 个特殊因子；F 为第 i 个公共因子，L 为第 i 个变量在第 j 个因子上的载荷。且 F 和 ε 满足下列条件：F 和 ε 相互独立；$E(F)=0$，$\mathrm{cov}(F)=I$；$E(\varepsilon)=0$，$\mathrm{cov}(\varepsilon)=\Psi$，$\Psi$ 为对角矩阵。

（二）因子分析的基本步骤

因子分析一般包括探索性因子分析和验证性因子分析，两者均是以一般因子分析模型为基础，两者的主要区别在于是否利用先验信息寻找公共因子，验证性因子分析往往要比探索性因子分析需要更多的样本，一个标准模型至少要 200 个样本（刘军，2008）。因此两者在具体分析步骤上有较大区别。

探索性因子分析的基本步骤如图 2.1 所示。

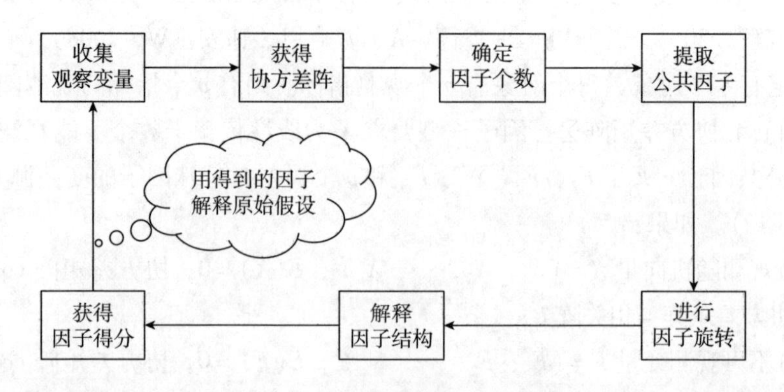

图 2.1 探索性因子分析步骤

验证性因子分析的基本步骤如图 2.2 所示。

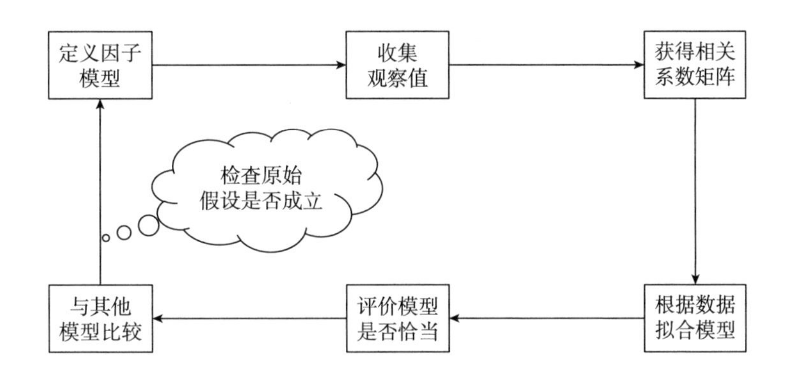

图 2.2　验证性因子分析步骤

二、探索性因子分析

（一）样本概况

探索性研究的调查对象为 KL 能源化工股份有限公司下属两个煤矿的 300 名员工，他们均在开采、掘进、机电、运输、通风等生产一线工作或在安监部门从事安全监管工作。问卷发放采用分层随机抽样方式，共发放 300 份，回收 276 份，有效问卷数为 240 份，问卷回收率为 92%，有效回收率为 80%。有效问卷的 240 名被调查者的烟酒嗜好及经济负担状况见表 2.3。

表 2.3　样本的烟酒嗜好及经济负担统计（$N = 240$）

统计项目		频率	百分比（%）	累计百分比（%）
饮酒状况	不喝酒	89	37.1	37.1
	偶尔（小于 3 次/周）	129	53.8	90.8
	经常喝（多于 3 次/周），但保持适量	20	8.3	99.2
	经常喝，常喝醉	2	0.8	100.0
吸烟状况	不吸烟或偶尔吸	118	49.2	49.2
	经常吸但能克制	99	41.3	90.4
	经常吸烟且上瘾	23	9.6	100.0

续表

统计项目		频率	百分比（%）	累计百分比（%）
经济负担	不承担	16	6.7	6.7
	不到1/4	28	11.7	18.3
	多于1/4少于1/2	47	19.6	37.9
	多于1/2	119	49.6	87.5
	以上都不适合	30	12.5	100.0

240名被调查者的年龄、学历及婚姻状况见表2.4。

表2.4　样本描述性统计（$N=240$）

统计项目		频率	百分比（%）	累计百分比（%）
所属年龄段	25周岁及以下	43	17.9	17.9
	26~30周岁	65	27.1	45.0
	31~35周岁	42	17.5	62.5
	36~40周岁	41	17.1	79.6
	41~50周岁	36	15.0	94.6
	51~55周岁	11	4.6	99.2
	56周岁及以上	2	0.8	100.0
最高学历	初中或初中以下	69	28.8	28.8
	高中、职高、中专、中技	79	32.9	61.7
	大专	38	15.8	77.5
	本科	51	21.3	98.8
	研究生及以上	3	1.3	100.0
婚姻状况	已婚	166	69.2	69.2
	未婚	66	27.5	96.7
	有婚史，现单身	8	3.3	100.0

240名被调查者的井下工龄、用工性质、工作岗位性质、工作点班、行政职务见表2.5。

表 2.5　样本工作属性统计（$N=240$）

统计项目		频率	百分比（%）	累计百分比（%）
井下工龄	60 个月及以下	110	45.8	45.83
	61～120 个月	50	20.8	66.7
	121～180 个月	33	13.8	80.4
	181～240 个月	12	5.0	85.4
	241～300 个月	16	6.7	92.1
	301～360 个月	7	2.9	95.0
	361～420 个月	11	4.6	99.6
	420 个月以上	1	0.4	100.00
用工性质	无固定期合同	43	17.9	17.9
	固定期合同	146	60.8	78.8
	外委（工程承包）	2	0.8	79.6
	劳务派遣、农民工	49	20.4	100.0
工作岗位性质	开拓、掘进	62	25.8	25.8
	设备安装或维护	11	4.6	30.4
	开采	65	27.1	57.5
	井运、皮带、提升	26	10.8	68.3
	机电	37	15.4	83.8
	地测	8	3.3	87.1
	通风	10	4.2	91.3
	巷修	6	2.5	93.8
	其他	15	6.3	100.0
工作点班	正常上下班	57	23.8	23.8
	上午班	30	12.5	36.3
	下午班	62	25.8	62.1
	夜班	24	10.0	72.1
	不规律	67	27.9	100.0
行政职务	操作人员	144	60.0	60.0
	一般管理技术人员	46	19.2	79.2
	区科副职	20	8.3	87.5
	区科正职	8	3.3	90.8
	其他	22	9.2	100.0

（二）初次探索与量表优化

在探索性研究中，采用主成分分析方法进行因素抽取，选择特征值大于 1 的共同因素，并以最大变异法进行共同因素的正交旋转处理。剔除公因子方差较低（低于 0.5）、因子载荷较小（低于 0.5）、双重负荷（至少在两个因子的最低载荷高于 0.4）的项目，同时根据研究惯例和有关要求，还需要剔除因子项目数低于 2 的因子项目。

首先，对 22 个项目进行 KMO 和 Bartlett 球形检验，根据 Kaiser（1974）的观点，KMO 值越接近 1，则表明所有变量之间的简单相关系数平方和远大于偏相关平方和，因此越适合进行因素分析。KMO 值越接近 1，说明对相关变量进行因子分析的效果越好。KMO 大于 0.9 时进行因子分析效果最好，大于 0.7 时可以接受，小于 0.5 时一般不宜进行因子分析。从表 2.6 可以看到，KMO 值为 0.860，进行因子分析是比较恰当的。Bartlett 球形检验结果表明，近似卡方值为 1914.733，自由度为 231，显著性 $P = 0.000 < 0.001$，说明数据取自正态分布，也适合进行因子分析。

表 2.6　KMO 和 Bartlett 球形检验（22 个项目）

<table>
<tr><td colspan="2">取样足够度的 Kaiser – Meyer – Olkin 度量
（Kaiser – Meyer – Olkin Measure of Sampling Adequacy）</td><td>0.860</td></tr>
<tr><td rowspan="3">Bartlett 球形检验
（Bartlett's Test of Sphericity）</td><td>近似卡方（Appros. Chi – Square）</td><td>1914.733</td></tr>
<tr><td>自由度（df）</td><td>231</td></tr>
<tr><td>显著性（Sig.）</td><td>0.000</td></tr>
</table>

其次，进行公因子方差分析和探索性因子分析。删除公因子方差近似值低于 0.5 的两个因子；删除因子负荷较低、双重负荷以及因子项目少于 2 个的因子。表 2.7 显示，A13、C35 的公因子方差值较低，分别是 0.313 和 0.369。从表 2.8 可以看出，项目 A15 在因子 2 和因子 4 上均有较高的载荷，分别为 0.543 和 0.483，项目 C38 单独构成一个因子。故删除项目 A13、C35、A15 和 C38，还剩 18 个项目。

表 2.7　公因子方差（22 个项目）

项　目	初始	提取
A1. 我认为，无论是否被监管，都不应该发生不安全行为	1.000	0.548

续表

项　目	初始	提取
A2. 通过违反安全管理规定来显示自己与众不同，是愚蠢的	1.000	0.502
A3. 为了产量、工期等生产任务而忽视安全的做法是错误的	1.000	0.614
A4. 我认为按照安全管理规定作业能够预防事故的发生	1.000	0.568
A5. 我在工作过程中优先考虑安全	1.000	0.550
A6. 有些不安全行为是不会被监管人员发现的	1.000	0.543
A7. 有些不安全行为不会造成事故	1.000	0.498
A8. 安全规程、安全管理制度是为了保护我工作时免受伤害	1.000	0.535
A9. 我认为有些安全规定是不合理的，对这些规定我有时不去遵守	1.000	0.636
A10. 我认为有些所谓的不安全行为其实没什么危险	1.000	0.548
A11. 在工作时我时时注意周围环境的变化，以保障我的安全	1.000	0.614
A12. 为了省事或提高工作效率，一些安全作业要求是可以省略的	1.000	0.562
A13. 不管舒不舒服，我都会按要求配戴个人防护装备	1.000	0.313
A14. 我认为工作条件不太好时，有不安全行为是可以理解的	1.000	0.597
A15. 即使按要求配戴防护用品，也不能确保我们不受伤害	1.000	0.586
C34. 我的班组经常讨论或交流安全方面的问题	1.000	0.545
C35. 班组其他人容易出现的不安全行为，我也会出现	1.000	0.369
C36. 安全绩效是我们班组绩效的重要组成部分	1.000	0.565
C37. 我们班组里的每个人对健康和安全都负有责任	1.000	0.623
C38. 我不照做同事们的一些违章行为，就会被他们指责或笑话	1.000	0.535
C39. 我乐意为班组安全建设和管理提出意见或建议	1.000	0.632
C40. 我们班组的安全绩效对每个人的收益都有重要影响	1.000	0.543

注：提取方法为主成分分析。

表 2.8　旋转成分矩阵[a]（22 个项目）

	成分			
	1	2	3	4
A3. 为了产量、工期等生产任务而忽视安全的做法是错误的	0.747		0.225	
A5. 我在工作过程中优先考虑安全	0.737			
A4. 我认为按照安全管理规定作业能够预防事故的发生	0.730			
A2. 通过违反安全管理规定来显示自己与众不同，是愚蠢的	0.699			
A1. 我认为，无论是否被监管，都不应该发生不安全行为	0.680		0.262	

续表

	成分			
	1	2	3	4
A8. 安全规程、安全管理制度是为了保护我工作时免受伤害	0. 621		0. 320	
A11. 在工作时我时时注意周围环境的变化，以保障我的安全	0. 586	-0. 250	0. 227	0. 396
A13. 不管舒不舒服，我都会按要求配戴个人防护装备	0. 347		0. 328	0. 240
A9. 我认为有些安全规定是不合理的，对这些规定我有时不去遵守		0. 734		-0. 255
A10. 我认为有些所谓的不安全行为其实没什么危险		0. 727		
A14. 我认为工作条件不太好时，有不安全行为是可以理解的		0. 725		
A6. 有些不安全行为是不会被监管人员发现的		0. 683	-0. 208	
A7. 有些不安全行为不会造成事故		0. 676		
A12. 为了省事或提高工作效率，一些安全作业要求是可以省略的		0. 654		-0. 261
A15. 即使按要求配戴防护用品，也不能确保我们不受伤害		0. 543		0. 483
C35. 班组其他人容易出现的不安全行为，我也会出现		0. 484		-0. 319
C36. 安全绩效是我们班组绩效的重要组成部分			0. 739	
C39. 我乐意为班组安全建设和管理提出意见或建议	0. 279		0. 737	
C37. 我们班组里的每个人对健康和安全都负有责任	0. 223		0. 698	0. 238
C34. 我的班组经常讨论或交流安全方面的问题			0. 695	
C40. 我们班组的安全绩效对每个人的收益都有重要影响			0. 695	
C38. 我不照做同事们的一些违章行为，就会被他们指责或笑话				-0. 693

注：旋转在 6 次迭代后收敛。旋转法：具有 Kaiser 标准化的正交旋转法。提取方法：主成分分析法。

再次，计算解释的总方差。从 22 个项目解释的总方差可以看出（表略），共抽取 4 个共同因素，累计解释变异量为 54. 66%。通过主成分分析法，用最大变异法正交旋转处理，转轴后的因子矩阵，依据各共同因素的因素负荷量的大小进行排序，同时为便于观察，对因素负荷低于 0. 2 不予显示。

最后，对剩余的 18 个项目进行第二次探索性因子分析。结果表明，KMO 值为 0. 861，近似卡方值为 1705. 137，自由度为 171，Sig. = 0. 000，达到显著，说明进行因子分析是恰当的。同样采用主成分分析法抽取共同因子。分析结果表明，A7 的公因子方差较低（0. 457），A11 在因子 1 和因子 2 有双重负荷属性（分别为 0. 551 和 -0. 418），A8 因子负荷值为 0. 494，低于 0. 5，第 4 个因子只有 1 个项目 A6，也予删除。最终删除项目 A7、A11、A8、A6 后，剩余 14 个项目。

（三）二次因子探索与分析

对筛选剩余的 14 个项目进行分析（见表 2.9）。结果表明，KMO 值为 0.843，近似卡方值为 1173.602，自由度为 91，显著性 Sig. =0.000，说明数据取自正态分布，适合进行因子分析。

表 2.9　KMO 和 Bartlett 球形检验（14 个项目）

取样足够度的 Kaiser – Meyer – Olkin 度量（Kaiser – Meyer – Olkin Measure of Sampling Adequacy）		0.843
Bartlett 球形检验（Bartlett' s Test of Sphericity）	近似卡方（Appros. Chi – Square）	1173.602
	自由度（df）	91
	显著性（Sig.）	0.000

从提取的公因子方差结果可以看出（见表 2.10），所有项目均在 0.5 以上，适合进行因子分析。在因子提取方面，遵循特征根原则和碎石图检验原则。特征根原则即选取特征根大于 1 的成分为主要因子，放弃特征根小于 1 的成分因子。碎石图检验原则即根据陡坡图，选择坡度转折前的因子数为提取因子数量（见图 2.3）。从表 2.11 可以看出，有三个因子的特征值大于 1，分别是 4.503、2.235、1.648，所以宜提取 3 个因子。此外，从图 2.3 也可以看出，从第四个因子开始，坡度开始变平，而且三个因子累计解释总方差的 59.894%，说明提取三个因子是比较恰当的。

表 2.10　公因子方差（14 个项目）

	初始	提取
A1. 我认为，无论是否被监管，都不应该发生不安全行为	1.000	0.542
A2. 通过违反安全管理规定来显示自己与众不同，是愚蠢的	1.000	0.577
A3. 为了产量、工期等生产任务而忽视安全的做法是错误的	1.000	0.639
A4. 我认为按照安全管理规定作业能够预防事故的发生	1.000	0.598
A5. 我在工作过程中优先考虑安全	1.000	0.547
A9. 我认为有些安全规定是不合理的，对这些规定我有时不去遵守	1.000	0.666
A10. 我认为有些所谓的不安全行为其实没什么危险	1.000	0.609
A12. 为了省事或提高工作效率，一些安全作业要求是可以省略的	1.000	0.670
A14. 我认为工作条件不太好时，有不安全行为是可以理解的	1.000	0.676
C34. 我的班组经常讨论或交流安全方面的问题	1.000	0.555

续表

	初始	提取
C36. 安全绩效是我们班组绩效的重要组成部分	1.000	0.560
C37. 我们班组里的每个人对健康和安全都负有责任	1.000	0.607
C39. 我乐意为班组安全建设和管理提出意见或建议	1.000	0.612
C40. 我们班组的安全绩效对每个人的收益都有重要影响	1.000	0.528

注：提取方法为主成分分析法。

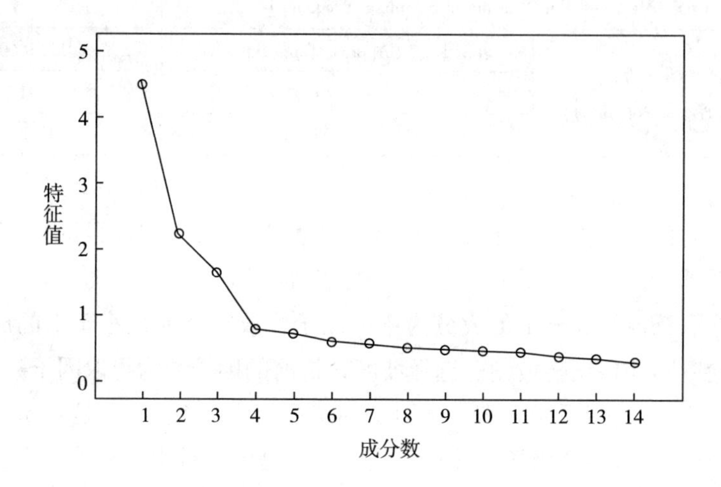

图 2.3　碎石图

表 2.11　解释的总方差（14 个项目）

成分	初始特征值			提取平方和载入			旋转平方和载入		
	合计	方差百分比（%）	累计方差百分比（%）	合计	方差百分比（%）	累计方差百分比（%）	合计	方差百分比（%）	累计方差百分比（%）
1	4.503	32.161	32.161	4.503	32.161	32.161	2.941	21.004	21.004
2	2.235	15.965	48.126	2.235	15.965	48.126	2.835	20.253	41.257
3	1.648	11.768	59.894	1.648	11.768	59.894	2.609	18.637	59.894
4	0.793	5.663	65.557						
5	0.719	5.133	70.690						
6	0.599	4.278	74.968						
7	0.579	4.137	79.106						
8	0.509	3.639	82.744						

续表

成分	初始特征值			提取平方和载入			旋转平方和载入		
	合计	方差百分比（%）	累计方差百分比（%）	合计	方差百分比（%）	累计方差百分比（%）	合计	方差百分比（%）	累计方差百分比（%）
9	0. 480	3. 427	86. 171						
10	0. 464	3. 314	89. 486						
11	0. 440	3. 143	92. 628						
12	0. 382	2. 728	95. 356						
13	0. 349	2. 491	97. 847						
14	0. 301	2. 153	100. 000						

注：提取方法为主成分分析。

通过分析成分矩阵提取 3 个因子，但未经旋转的成分矩阵不易判断出因子的分布特征和主要构成。因此，采用主成分提取方法和具有 Kaiser 标准化的旋转法进行正交旋转，经过 5 次迭代后收敛，因子分布情况见表 2. 12（为便于观察，对因子载荷低于 0. 2 的不予显示）。进行正交旋转后的旋转空间成分如图 2. 4 所示。

从旋转成分矩阵可以看出，3 个因子具有显著的区分效度。第 1 个因子的 5 个项目主要是关于班组安全氛围或安全管理方面的认知；第 2 个因子的 4 个项目主要是关于安全意识或安全态度方面的看法，第 3 个因子的 4 个项目主要是关于对不安全行为后果的主观评价和效能感。根据因子项目的含义和特征，分别对三个因子进行命名。即因子 1（F1）为“班组安全压力”，因子 2（F2）为“安全行为态度”，因子 3（F3）为“不安全行为风险认知偏差”。

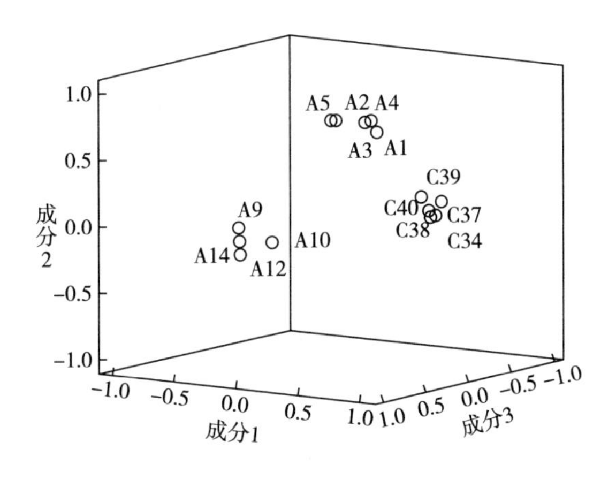

图 2. 4　旋转空间的成分

表 2.12 旋转成分矩阵[a]（14 个项目）

项目内容	成分		
	1	2	3
C39. 我乐意为班组安全建设和管理提出意见或建议	0.742	0.244	
C36. 安全绩效是我们班组绩效的重要组成部分	0.739		
C37. 我们班组里的每个人对健康和安全都负有责任	0.728		-0.216
C34. 我的班组经常讨论或交流安全方面的问题	0.719		
C40. 我们班组的安全绩效对每个人的收益都有重要影响	0.706		
A2. 通过违反安全管理规定来显示自己与众不同，是愚蠢的		0.757	
A3. 为了产量、工期等生产任务而忽视安全的做法是错误的	0.248	0.754	
A4. 我认为按照安全管理规定作业能够预防事故的发生	0.203	0.739	
A5. 我在工作过程中优先考虑安全		0.739	
A1. 我认为，无论是否被监管，都不应该发生不安全行为	0.279	0.670	
A13. 我认为工作条件不太好时，有不安全行为是可以理解的			0.799
A9. 我认为有些安全规定是不合理的，对这些规定我有时不去遵守			0.791
A12. 为了省事或提高工作效率，一些安全作业要求是可以省略的			0.779
A10. 我认为有些所谓的不安全行为其实没什么危险			0.776

注：提取方法为主成分分析法。旋转法：具有 Kaiser 标准化的正交旋转法。旋转在 5 次迭代后收敛。

效度与信度检验。从旋转成分矩阵可以看出，3 个因子项目的负荷均大于 0.67，具有较高效度。信度检验常采用 Cronbach's Alpha 值作为内部一致性检验的主要指标。Cronbach's Alpha 值可按式（2-4）进行计算（荣泰生，2010），也可通过 PASW 的可靠性度量分析获得，3 个因子的 Cronbach's Alpha 值分别为 0.802、0.801、0.813，总问卷的同质信度为 0.617。

$$\alpha = \frac{k}{k-1}\left[1 - \frac{\sum_{i=1}^{k}\sigma_i^2}{\sum_{i=1}^{k}\sigma_i^2 + 2\sum_{i}^{k}\sum_{j}^{k}\sigma_{ij}}\right] \tag{2-4}$$

式（2-4）中，k 为项目数，σ_i 为题目 i 的方差，σ_{ij} 是相关题目的协方差。当 Cronbach's Alpha 值大于等于 0.70 时，表明问卷具有高的信度，当 Cronbach's Alpha 值小于 0.7 时，表明问卷信度尚可，当 Cronbach's Alpha 值大于 0.35 时，表明问卷信度较差（Guilford，1954）。结果说明三个因子问卷的信度较高，整体问卷的同质性信度也较好（见表 2.13）。

表 2.13　三个因子的项目分布及信度系数

因子序号	因子名称	因子项目	项目数	Cronbach's Alpha	Cronbach's Alpha
F1	班组安全压力	C34、C36、C37、C39、C40	5	0.801	0.617
F2	安全态度	A1、A2、A3、A4、A5	5	0.802	
F3	不安全行为知觉控制	A9、A10、A12、A13	4	0.813	

三、验证性因子分析

（一）样本情况

验证性分析的调查对象分别来自 KL 集团公司 QJY 矿、KL 集团公司 TS 矿、KL 集团公司 DHT 矿、KL 集团 CJZ 矿、开滦集团蔚州矿业公司单侯矿、LA 集团公司 WZ 煤矿、甘肃 YJMD 集团公司 JH 煤矿共 7 个煤矿，共计 1000 名员工，全部在开采、掘进、机电、运输、通风等一线单位工作或在安监部门从事安全监管工作。问卷发放方式为分层随机抽样方式，共发放 1000 份，回收 813 份，有效问卷数为 735 份，问卷回收率为 81.3%，有效回收率为 73.5%。

（二）违反估计和正态性检验

通过 AMOS17.0 分析，不安全行为意向结构路径图及其标准化系数见图 2.5。

未标准化回归系数分析表明，因子之间、因子与相关项目间的 P 值均小于 0.001，说明模型因子之间、模型因子与相关项目之间具有显著性影响。误差方差在 0.02 到 0.11 之间，不存在负的方差，标准化系数在 0.37 到 0.74 之间，没有大于 0.95 的值存在。说明模型通过"违反估计"检验。

正态性检验结果表明，除项目 A14 的极小值极大值分别是 2 和 6 之外，其他项目的极大值和极小值均为 1 和 6。偏度系数绝对值最大值为 2.14，峰度系数绝对值最大值为 7.08。满足对偏度系数小于 3、峰度系数小于 8 的判断标准，说明数据通过正态性检验。同时，正态性检查表明，临界比率值（c.r.）高于 2，说明某些变量可能具有异常值。但因数据整体能够通过正态性检验，故未对数据异常值进行处理。

模型计算及分析获得的主要结果值见表2.14。表2.14中：λ_1 到 λ_{14} 分别为图2.5中14个测量指标的因素负荷量；Φ_1 到 Φ_3 分别是三个潜在变量（因子）间的因素负荷量。δ 为标准化参考估计值的测量误差（计算方式为：$\delta_i = 1 - R_i^2$）。

表2.14 模型估计参数摘要

参数	非标准化估计值	标准误	T值	R^2	标准化参考估计值
λ_1	1.00			0.32	0.57
λ_2	1.12	0.11	8.40	0.18	0.42
λ_3	1.23	0.09	10.39	0.32	0.57
λ_4	1.19	0.09	10.60	0.35	0.59
λ_5	1.00	0.09	7.68	0.14	0.37
λ_6	1.00			0.30	0.55
λ_7	0.96	0.09	11.50	0.36	0.60
λ_8	1.08	0.08	12.12	0.44	0.66
λ_9	1.00	0.07	12.13	0.44	0.66
λ_{10}	0.92	0.07	11.41	0.35	0.59
λ_{11}	0.96			0.40	0.63
λ_{12}	0.89	0.07	13.25	0.40	0.63
λ_{13}	0.76	0.07	14.73	0.55	0.74
λ_{14}	1.09	0.08	14.65	0.53	0.73
Φ_1	0.14	0.03	7.60	0.26	0.51
Φ_2	0.22	0.02	8.26	0.44	0.66
Φ_3	0.23	0.03	7.94	0.27	0.52
δ_1	0.28	0.03	15.36		0.68
δ_2	0.35	0.05	17.54		0.82
δ_3	0.58	0.03	15.41		0.68
δ_4	0.70	0.03	14.96		0.65
δ_5	0.38	0.04	17.93		0.86
δ_6	0.43	0.04	16.84		0.7
δ_7	0.91	0.04	16.15		0.64
δ_8	0.49	0.02	15.07		0.56
δ_9	0.76	0.02	15.04		0.56
δ_{10}	1.19	0.02	16.27		0.65

续表

参数	非标准化估计值	标准误	T值	R^2	标准化参考估计值
δ_{11}	1. 24	0. 08	15. 83		0. 37
δ_{12}	0. 31	0. 07	15. 99		0. 37
δ_{13}	0. 75	0. 06	13. 14		0. 26
δ_{14}	0. 94	0. 07	13. 42		0. 27

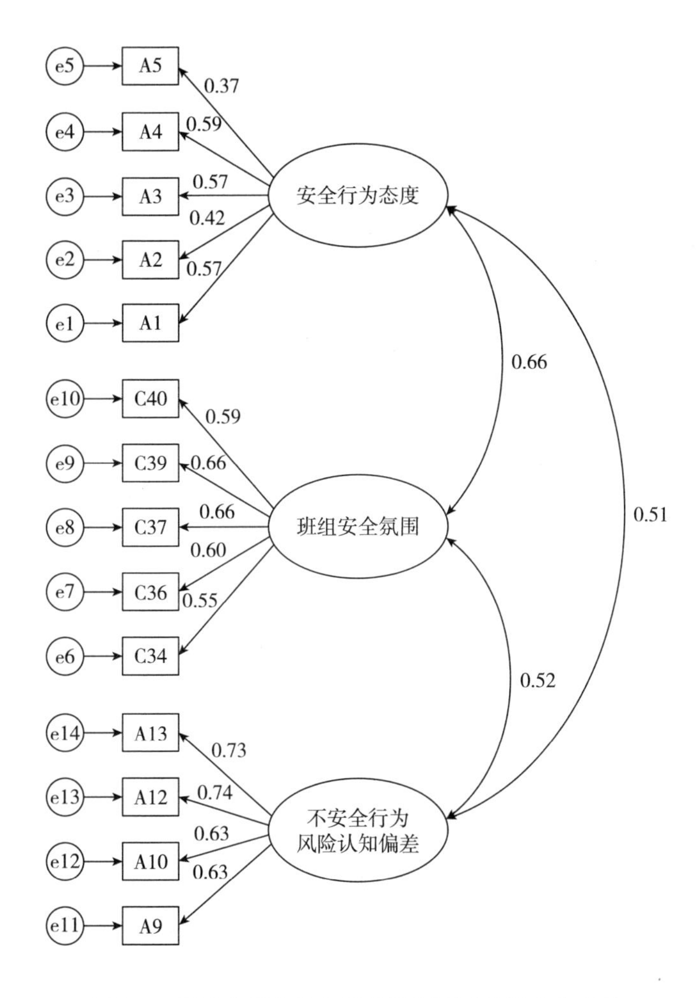

图 2. 5　不安全行为意向结构路径图及其标准化系数

（三）建构信度分析

建构信度也称组合信度（Composite Reliability，CR），潜在变量的组合信度是模型内在质量的判断标准之一。一般认为，若潜在变量的组合信度值大于0.6，可认为模型具有较好的内在质量。组合信度通过标准化因素负荷值计算。计算公式如下：

$$CR(\rho_c)=\frac{(\sum\lambda)^2}{[(\sum\lambda)^2+\sum(\theta)]}=\frac{(\sum \text{标准化因素负荷量})^2}{[(\sum \text{标准化因素负荷量})^2+\sum(\theta)]} \tag{2-5}$$

式（2－5）中，CR（ρ_c）为组合信度，λ 为测量变量在潜在变量上的因素负荷量（回归系数或完全标准化参数估计值），θ 为测量变量的误差变异量（即 δ 或 ε 的变异量）。

平均变异量抽取值（Average Variance Extracted，AVE）也称平均方差抽取量。平均方差抽取量是另一个建构信度的评价指标，可用于评价一个潜在变量能被一组测量变量有效估计的聚敛程度。由于 AVE 指标实质是各因子的题项因素载荷平方的平均值，其相关判断标准可参照因素载荷的判断标准。即平均方差抽取量大于0.5说明模型潜在变量的聚敛性优秀，大于0.4表明聚敛性非常好，大于0.3表示聚敛性好。平均方差抽取量（AVE 或 ρ_v）的计算公式如下：

$$AVE=\rho_v=\frac{(\sum\lambda^2)}{[(\sum\lambda^2)+\sum(\theta)]}=\frac{(\sum \text{标准化因素负荷量}^2)}{[(\sum \text{标准化因素负荷量}\lambda^2)+\sum(\theta)]} \tag{2-6}$$

式（2－6）中，AVE 或 ρ_v 为平均变异量抽取值，其他相关指标的含义与式（2－5）相同。

依据上述公式，计算获得的两个建构信度指标值见表2.15。可以看到，三个因子的组合信度值分别为0.6326、0.7502、0.7781均大于0.6，说明模型内在质量佳。平均方差抽取量在0.2622、0.3764、0.4686，第1个因子的AVE稍低一些，其他2个因子的AVE均可以接受，说明整体建构信度较好。

表2.15 模型建构信度指标值

测量指标	因素负荷量	信度系数	测量误差	组合信度	平均变异量抽取值
A1	0.57	0.32	0.68		
A2	0.42	0.18	0.82		
A3	0.57	0.32	0.68	0.6326	0.2622
A4	0.59	0.35	0.65		
A5	0.37	0.14	0.86		

续表

测量指标	因素负荷量	信度系数	测量误差	组合信度	平均变异量抽取值
C34	0. 55	0. 30	0. 70	0. 7502	0. 3764
C36	0. 60	0. 36	0. 64		
C37	0. 66	0. 44	0. 56		
C39	0. 66	0. 44	0. 56		
C40	0. 59	0. 35	0. 65		
A9	0. 63	0. 40	0. 60	0. 7781	0. 4686
A10	0. 63	0. 40	0. 60		
A12	0. 74	0. 55	0. 45		
A13	0. 73	0. 53	0. 47		

（四）模型拟合度分析

模型拟合度分析的主要指标、参考值及最终值见表 2. 16。

表 2. 16　不安全行为意向结构模型拟合度结果

指标分类	拟合指标	分析结果	判断值
卡方检验	自由度（df）	74	
	卡方值（χ^2）	166. 6	
	卡方值与自由度比值（χ^2/df）	2. 25	<3
适合度指数	适配度指数（GFI）	0. 97	>0. 9
	调整后适配度指数（AGFI）	0. 96	>0. 9
	简效性拟合指数（PGFI）	0. 63	>0. 5
	正规拟合指数（NFI）	0. 93	>0. 9
替代性指数	比较拟合指数（CFI）	0. 95	>0. 9
	渐进残差均方和平方根（RMSEA）	0. 04	<0. 08
残差分析	标准化残差均方和平方根（SRMR）	0. 0401	<0. 08

卡方检验。研究表明，由于卡方值（χ^2）受样本规模影响较大，样本越大，累计的卡方值越大，卡方自由度比也越高。因此，当样本较大时，应慎用卡方值作为模型检验的主要指数，而应更多的参照其他指标（邱皓政、林碧芳，2009；张伟雄、王畅，2008）。有关卡方自由度比，应该小于 2，但对社会科学的研究而言，如果卡方自由度在 2∶1 或 3∶1，可视为接受拟合度的标志（张伟雄、王

畅，2008）。本书中卡方值为 166.6，自由度为 74，卡方自由度比值为 2.25，在 2 和 3 之间，表明模型可以接受。

适合度指数分析。适合度指数主要包括 GFI、AGFI、PGFI、NFI 等指标。相关指标判断值分别为：GFI > 0.9，AGFI > 0.9，PGFI > 0.5，NFI > 0.9（邱皓政、林碧芳，2009）。本模型 GFI 值为 0.97、AGFI 值为 0.96、PGFI 值为 0.63、NFI 值为 0.93，均符合相关判断值要求，说明模型有好的拟合。

替代性指数分析。替代性指数主要有 CFI、RMSEA 等指标。本模型 CFI 值为 0.95（CFI 值大于 0.9，模型可以接受，大于 0.95，模型拟合程度非常好）（张伟雄、王畅，2008）、RMSEA 值为 0.04（RMSEA 小于等于 0.05，模型拟合程度好；RMSEA 在 0.05 至 0.08 之间，模型拟合程度可以接受）（张伟雄、王畅，2008），表明模型与数据有很好的拟合。

残差分析。SRMR 为标准化假设模型整体残差，本模型的 SRMR 值为 0.0401，低于 0.08，说明该模型与数据有较好的拟合。

第五节　结果与讨论

（1）不安全行为意向影响因子的结构。本章运用 PASW 18.0 对 240 名被试数据进行探索性因子分析，产生 3 个影响因子，分别为不安全行为态度、班组安全氛围和不安全行为风险认知偏差。再采用 AMOS 17.0 对 735 名被试数据进行不安全行为意向结构的验证性因子分析，表明探索性因子分析获得的三因子结构模型与验证分析数据拟合良好（卡方检验、适合度指数、替代性指数、残差分析指数均达到参照值）。说明基于计划行为理论，不安全行为意向也具有三因子结构，表明计划行为理论对不安全行为的研究具有适用性。

（2）不安全行为意向影响因子与一般行为意向影响因子的比较。通过对研究结论与计划行为理论相关模型的比较，行为态度的因子与计划行为理论一致，但不安全行为意向影响因子也具有其独特性。主要表现在两方面：一是“班组安全氛围”对员工不安全行为意向有重要影响。初始量表中设计的与“企业安全规范”相关的项目（如组织安全氛围方面的项目），因因子负荷较低而被删除，说明员工对安全行为规范压力的感受更多来自于班组。注重班组安全规范和安全氛围的构建，对员工不安全行为意向干预有重要意义。二是员工对不安全行为风险的认知偏差对不安全行为意向有重要影响。计划行为理论则认为个体对执行某特定行为的难易感知判断对行为意向有重要影响。

本书对管理的启示是，改变员工的安全行为态度、营造良好的班组安全氛围、采取措施纠正员工对不安全行为风险认知方面的偏差有助于降低员工不安全行为的意向。当然，本章研究只是将计划行为理论引入不安全行为的初步研究，不安全行为意向与不安全行为的关系还需要做进一步的分析验证。此外，不安全行为意向与其他个体、组织及环境变量的关系还需要进一步的分析检验。

第六节　本章小结

本章基于计划行为理论，通过对 240 名煤矿一线员工进行调查和探索性因子分析，形成不安全行为意向的正式量表和探索性因子结构模型，又对 7 个煤矿 735 名一线员工进行调查并进行验证性因子研究。结果表明：编制修订的不安全行为意向量表信度、效度较高；员工不安全行为意向受不安全行为态度、班组安全氛围、行为风险认知偏差 3 个因子的影响；企业应从行为态度改变、班组安全氛围构建、行为风险认知偏差校正等方面对员工不安全行为意向进行干预和控制。

第三章　基于 TPB 的不安全行为意向与不安全行为的关系研究

第二章基于计划行为理论（TPB），在假设不安全行为意向能够较好地预测不安全行为的前提下，研究了不安全行为意向的主要影响因子，结果表明不安全行为意向受班组安全氛围、安全态度、不安全行为认知偏差等因素影响。本章拟讨论不安全行为的测量方法，并探讨不安全行为与不安全行为意向的关系，并对不安全行为意向与不安全行为的关系进行假设和验证。

第一节　研究目的与研究假设

本章研究的主要目的是检验矿工不安全行为意向与不安全行为之间的关系。主要通过两部分工作来实现：一是探讨不安全行为的计量测量方式和方法；二是根据对不安全行为的测量结果，检验不安全行为意向与不安全行为之间的关系。

第二章研究已表明不安全行为意向的因子结构与一般行为意向的结构有一定相似性。但由于不安全行为是一类负面行为，个体、个体所在家庭、个体所在组织都会对该类行为有负面评价，从而形成一定的制约性社会规范。个体之所以发生意向性的不安全行为，是个体认为发生不安全行为带来的心理、生理、经济、时间等方面的效价高于不安全行为可能带来的风险。因此，不安全行为意向的影响因子与一般行为影响因子又有一些区别。即不安全行为意向的因子主要体现在三方面：班组安全氛围、行为安全态度、不安全行为风险认知偏差。这三个因子对不安全行为意向产生显著影响。所以形成：

H_1：班组安全氛围与员工不安全行为意向显著相关。

H_2：安全态度与员工不安全行为意向显著相关。

H_3：不安全行为认知偏差与不安全行为意向显著相关。

按照计划行为理论的观点，行为意向是行为的一个有效预测变量（ICEK A，1991）。虽然行为意向对不同群体和不同行为的预测效力区别较大，但基于计划行为理论，不安全行为意向应与不安全行为显著相关。据此形成：

H_4：不安全行为意向与不安全行为显著相关。

Siu 研究表明，员工对团队的态度与安全绩效显著相关；Means 研究表明，团队亚文化对员工总体安全知觉影响显著；Zohar 也得出相似的结论，认为单元（班组）安全氛围会对员工的行为产生直接的影响（林泽炎，1998）。据此形成假设：

H_5：班组安全氛围与员工不安全行为显著相关。

行为态度与行为关系的研究结论目前并不一致。虽然常识性判断认为态度与行为是紧密相关的，但一些研究的结果支持该判断，这可能是方法上的问题（张红涛、王二平，2007）。所以有研究认为，如果测量态度与行为的标准相匹配，预测力会强很多（Berkowitz L，1986）。有研究表明，如果对一些变量进行控制，安全态度与安全行为的关系是显著的（林泽炎，1998）。据此形成假设：

H_6：安全行为态度与员工不安全行为显著相关。

动机理论认为，动机是行为的主要预测变量，而行为效价又影响个体动机的强度。当个体低估不安全行为带来的事故风险或被查处的可能性时，相应地会使发生不安全行为的动机增强。因此，对不安全行为效价的错误认知会影响个体是否发生不安全行为的决策。据此形成假设：

H_7：不安全行为认知偏差与不安全行为显著相关。

上述假设构成的假设模型如图 3.1 所示。

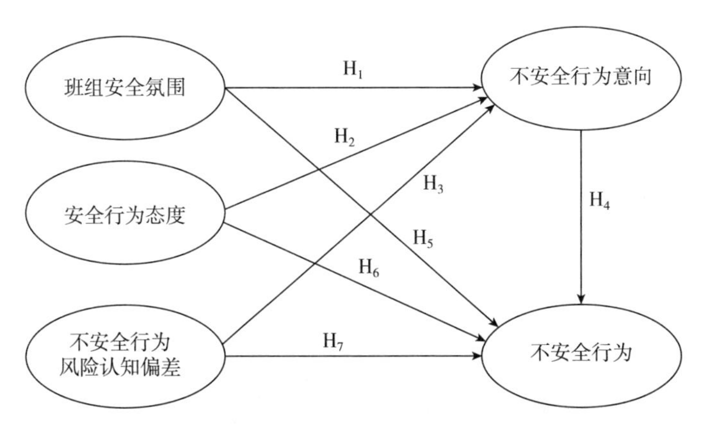

图 3.1　不安全行为意向与行为关系假设

第二节　变量的测量

一、不安全行为意向的测量

不安全行为意向的测量，主要借鉴 Gerard（2010）和 Ajzen（2011）的研究结论，根据研究实际，拟定 4 个项目：

（1）我有可能不按作业规程工作。

（2）我有可能不按要求佩戴或使用安全装备。

（3）我有可能忽视一些安全警示或预警信息。

（4）我有可能在无安全技术措施的情形下工作。

二、不安全行为的测量

对不安全行为的计量方法众多。有用员工事故数据来替代计量的，有用个体受伤情况作为代替指标的，有用不安全行为意向来代替不安全行为的，也有采用行为抽样法获取不安全行为的数值和发生规律的。不同的计量方法，源于研究者研究设计与研究条件的差异，但计量方法的差异，必然与员工实际发生的不安全行为情况有不同程度的变异。因此需要对相关计量方法进行评估分析（见表 3.1）。

表 3.1　不安全行为数据的主要采集方式及评价

	主要方法	优点	不足	相关要求
事故数据替代法	通过事故分析结果分析人因事件	采用回溯的方法，容易探究导致事故的不安全行为	需要大样本事故数据。不同类别、级别的事故分析结果差值较大	事故数据尽可能全面，降低单位或个体瞒报事故的动机
工伤数据替代法	用员工受伤情况来代替员工不安全行为或分析导致工伤的人因事件	数据易于收集，成本低，耗时少	依据事故法则，工伤数据难以如实反映不安全行为规律	同上

续表

	主要方法	优点	不足	相关要求
行为抽样法	对员工部分不安全行为进行观察，来预测整体不安全行为特征	能够发现一些不安全行为的发生规律，提示安全管理漏洞和危险源	员工在被关注或观察过程中违章行为会有所收敛。时间长，成本高	厂房等开放性生产作业空间，便于观察且不会对员工行为产生较大影响
实验法	在控制相关干扰变量的情形下，调节因变量变化，观察其对果变量的影响	能够精确地对控制变量进行调节，结果较为准确	成本高，时效低。实验设计要求高，实验环境很难建立	要求良好的实验设计，尽可能地使实验环境与现实接近并便于观察
行为意向替代法	通过编制行为意向调查问卷，选择调查对象填答，了解行为意向	通过问卷即可收集，成本较低，速度较快	未考虑行为意向转化为行为的中介或调节因素，结果值出现一定偏差	注意排除被试填写问卷的干扰因素，对量表质量要求高
违章记录值	调阅统计相关员工在一段时间内的违章记录，视之为不安全行记录	直接采用二手数据，成本低，速度快	违章记录只是不安全行为的部分，较难提示不安全行为的整体规律	要求有高效、严密、规范的安全检查监管机制和记录体系

用事故或工伤情况来代替不安全行为，是重大事故不安全行为研究的主要做法。如有文献通过对20多年煤矿重大事故调查结果的分析统计，探讨了煤矿重大事故中不安全行为的发生规律（陈红，2006）。也有文献用员工个体是否受伤的结果对不安全行为进行计量（刘超，2010）。然而，事故法则理论告诉我们，用事故值来替代不安全行为，往往不能如实反映不安全行为的实际发生特征。海因里希通过总结55万起安全事故得出了一般事故法则。一般事故法则是：死亡（重伤）∶轻伤∶无伤＝1∶29∶300。意思是说，每300次事故中，会造成死亡及重伤事故1次，轻伤、微伤事故29次。对煤矿而言，有研究表明对采煤工作面而言事故法则是：死亡∶重伤∶轻伤∶无伤＝1∶12∶200∶400。对于煤矿整体，事故法则为：1∶10∶300（张景林，2009）。由于不同行业事故法则有所差异，且由于国家安全监管机构及企业管理者对安全事故的奖罚措施，生产作业单位有少报、瞒报事故实际数据的激励，因而实际获得的事故数据可能与重大安全事故数据较为一致，而轻伤或无伤的事故数据与实际发生情况往往有较大出入。而且，事故的发生往往是一系列致因链共同作用的结果，不安全行为最终导致事故的比率还是

较低的（见图 3.2）。因此，用事故分析值来代替不安全行为，只能是无法采取更好的方法测量不安全行为的一个替代措施。

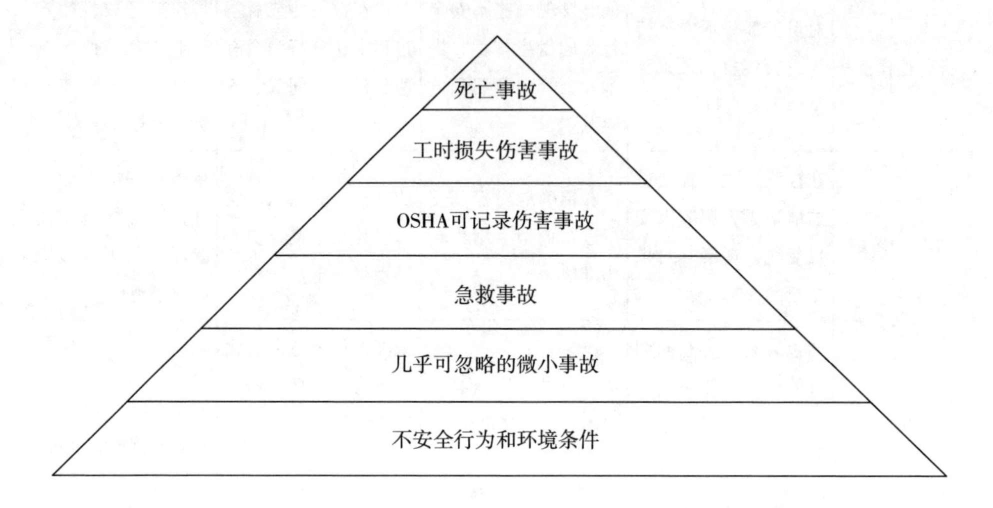

图 3.2　事故三角形

用行为意向来代替行为。同时收集行为及其影响因素的数据，一直是行为科学研究的难点之一。由于已有研究表明，行为意向能够较好地预测行为，因此一些研究者往往采用行为意向来替代实际行为。如有用离职意向来代替离职行为（王丹，2011；张勉、张德，2007），但这只是研究者在无法有效获得行为真实数据时的不得已措施或权宜行为，因为行为意向能否真正转化为行为还取决于其他一些变量。如计划行为理论就认为：行为是否真正发生，除受行为意向影响外，还受到知觉行为规范及其他因素的影响，因此行为意向与实际发生行为也存在较大差异。

行为抽样方法。行为抽样是以随机抽样的统计原理作为基础，对员工整体行为进行随机抽样记录的一种方法。该方法基于概率理论和随机抽样相关理论，抽样记录一些瞬时随机行为数据，从而发掘个体行为的活动特征和规律。如有研究采用行为抽样法对家具制造业的不安全行为进行研究（孙淑英，2009）。但对矿业企业而言，缺乏实施该方法的作业环境。行为抽样方法的实施需要具备一些条件，如能够全程、随时观察员工的行为并记录，且不会对员工的正常作业带来影响，行为抽样过程中，要尽可能地消除员工的被关注效应。煤矿的作业性质和作业环境，使研究者无法采用这种方法进行不安全行为的采样和计量。即便能够实施，也会严重干扰煤矿的正常生产作业，获取的数据也较难反映矿工真实的不安全行为规律。

实验法。实验法是心理与行为测量中常用的一种方法。较早采用实验方法来计量观察行为且比较出名的是泰勒的科学管理实验。此外对于航空、核电等大型复杂作业系统，为了系统评价人因可靠性和人误概率，往往通过模型机实验采集个体的行为数据。但对煤矿而言，较难采用实验方法获得不安全行为数据。因为构建一套煤矿生产运营仿真系统并非一项经济决策，而且煤矿员工的不安全行为较多地表现在意向性不安全行为方面，模拟仿真设备，无法较好地构建影响员工意向的组织环境和生产作业条件。

违章记录。采用违章记录是一种比较通用的做法。但违章记录往往不能真实地反映员工不安全行为的实际情况，这是因为不同煤矿的安全监管水平与监管方式方法不同，因此获得的记录数值会有较大的差异。而且许多煤矿有将不安全行为记录和班组绩效挂钩的规定，使得基层作业单位产生隐报瞒报不安全行为的激励。

此外，也有研究采用问卷法，把违章行为分为 18 种高成本—高效价的违章和 10 种高成本—低效价的具体违章行为类别（陈红，2006）。由于 28 种违章行为在不同工程会表现出较为显著的差异，一些违章行为可能只专属于某一类工程，而且，煤矿不安全行为也远不止这 28 种，因此会给数据采样带来极大困难，可靠性也难得到有效保证。

通过对不安全行为测量方法的优缺点比较，本书采用一种折中的方法来计量员工不安全行为，即采取员工自我陈述的方法收集其不安全行为的数据。

为便于员工陈述和估算，研究中要求被调查者报告两类不安全行为数值：一类是被安全管理机构或人员发现并记录的违章数据，另一类是没有被安全管理机构、人员发现或记录的违章数据。研究者采取了多重措施以提高不安全行为数据的精度：一是在调查过程中不断强调获得数据仅用于研究；二是调查采用匿名方式填写，以此来尽可能打消员工填写真实数值的顾虑；三是只要求员工回忆填写上一自然月的两类不安全行为数据，而且调查在每月的上旬展开，以提高员工回忆自身不安全行为数值的可靠性；四是为使员工准确了解不安全行为的内容，在集中调查前宣读不安全行为的种类及含义，并同时在调查表后附上不安全行为的说明表。

三、其他相关变量的测量

有关班组安全氛围、不安全行为态度、行为风险认知偏差的测量按第三章研究结果，其中班组安全氛围有5个测量项目，不安全行为态度有5个测量项目，行为风险认知偏差有4个测量项目，共计14个项目。

第三节　研究方法

本章研究主要采用结构方程模型（Structural Equation Modeling，SEM）的理论方法进行研究分析，分析工具主要为AMOS17.0。结构方程模型的理论简要介绍如下：

1. 结构方程模型的基本原理

结构方程模型可以用3个一般化线型方程来表示，即2个反映测量模型的一般方程式和1个反映结构模型一般方程式（约翰逊·理查德·A、威克恩·迪安·W，2008）：

$$y = \Lambda_y \eta + \varepsilon \tag{3-1}$$

$$x = \Lambda_x \xi + \delta \tag{3-2}$$

$$\eta = B\eta + \Gamma\xi + \zeta \tag{3-3}$$

方程（3－1）、方程（3－2）为反映测量模型的2个一般方程式，表示潜在变量和测量变量之间的关系。

方程（3－1）将内生潜在变量η连接到内生测量变量y；方程（3－2）将外生潜在变量ξ连接到外生变量x。Λ_y、Λ_x分别反映了y对η和x对ξ的关系强弱矩阵，可以理解为关系强弱矩阵或因子分析中的因子载荷。ε和δ分别是测量变量y和x的测量误差。测量误差ε和δ需满足以下假设：方差为常数，均值为0；与内生和外生潜在变量不相关；与结构方程误差不相关；不存在序列相关。

方程（3－3）为反映结构模型的1个一般方程式，表示潜在变量间的关系。B反映内生潜在变量间的相互关系，Γ反映外生潜在变量对内生潜在变量的关系。ζ为结构方程的误差。结构方程误差ζ需满足以下假设：方差为常数，均值为0；与外生潜在变量不相关；不存在序列相关。

完整的结构方程模型参考文献（邱皓政、林碧芳，2009）绘制，具体见图

3.3。完整的SEM包括测量模型和结构模型两部分。模型相关符号及含义见表3.2。

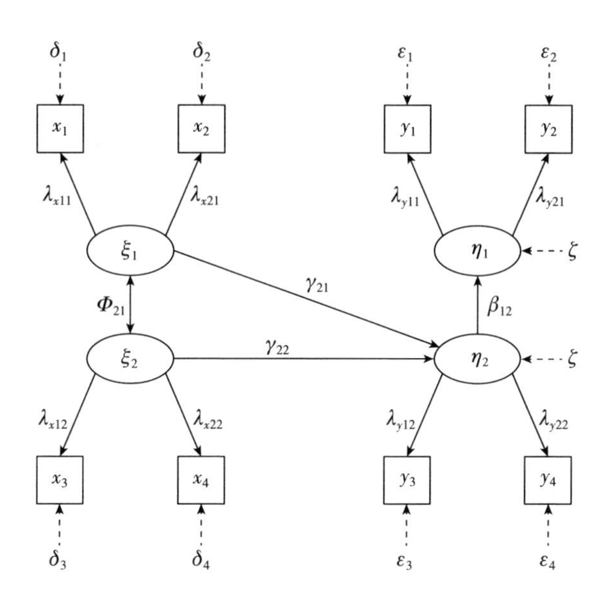

图3.3　完整结构方程模型参数

表3.2　结构方程模型参数的含义

符号	含义
λ_x	观察指标 x 在外生潜在变量 ξ 上的载荷
λ_y	观察指标 y 在内生潜在变量 η 上的载荷
ξ	外生潜在变量或潜在自变量
η	内生潜在变量或潜在因变量
Φ	外生潜在变量间的关系
β	内生潜在变量间的关系
γ	外生潜在变量对内生潜在变量的影响
ζ	潜在因变量无法被模型解释的残差
δ	x 变量的测量误差
ε	y 变量的测量误差

2. 结构方程模型的基本程序

建立、应用 SEM 的基本程序可以分为两个阶段：第一个阶段为模型发展阶段，包括理论的发展、结构方程模型的界定和结构方程模型的识别三个环节；第二阶段为模型修饰阶段，包括抽样与变量测量、进行参数估计、评鉴模型拟合程度、必要时进行模型修饰、讨论和结论等环节。在评鉴模型拟合程度阶段，往往需要进行模型的调整或修饰，进而可能会进入 SEM 第一阶段的模型界定环节，重新开始模型的发展、识别、修饰等环节。其主要流程见图 3.4。

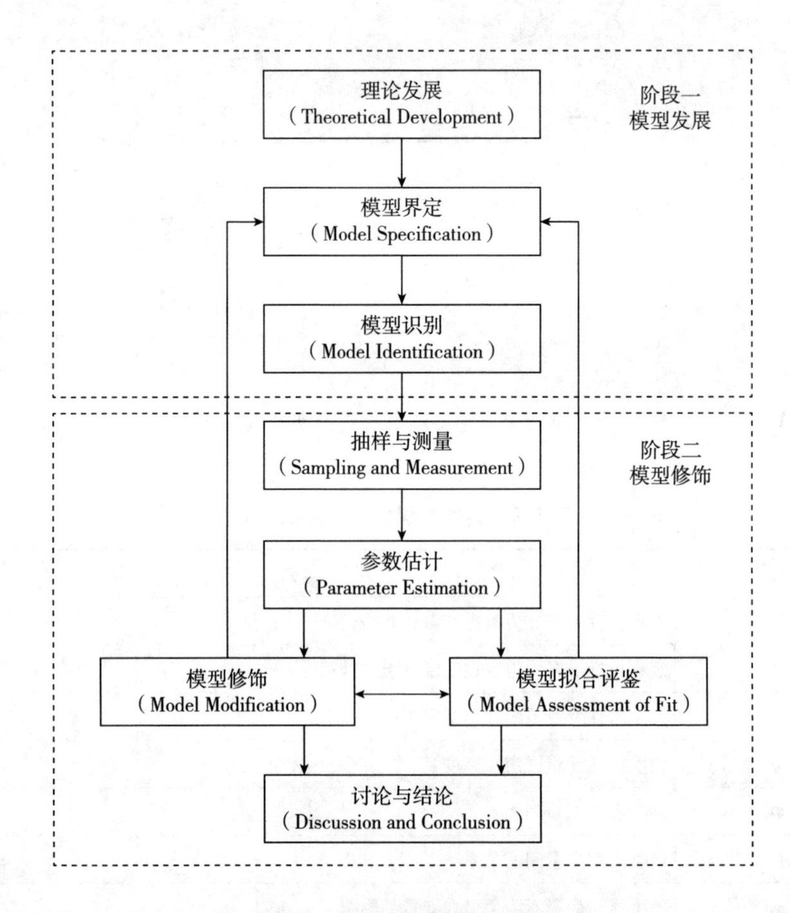

图 3.4　结构方程模型的程序

第四节　不安全行为与意向的关系分析

一、样本概况

研究数据来自于河北、山西、甘肃、内蒙古等省区 7 个矿业企业的 735 名员工。员工不安全行为记录的描述性统计情况见表 3.3。从表 3.3 中可以看出，员工不安全行为数据分为被记录的不安全行为和未被记录的不安全行为。二者在均值、中值、众数、标准差、方差、偏度、峰度等方面均有很大差异。而且，被记录的不安全行为数据的偏度值为 5.324，峰度值为 34.499，说明数据呈非正态分布。这与许多统计中要求数据符合或接近正态性的假设前提相悖。通过对记录和未记录不安全行为的求和计算，员工最终不安全行为记录值的偏度和峰度都迅速降低（偏度为 -0.346，峰度为 -0.354），可近似地认为数据具有正态分布特征。这也表明单纯依据不安全行为的记录进行分析计算很可能带来更大的参数误估风险，合并计算的数值则能更好地反映员工不安全行为实际发生情况。

表 3.3　员工不安全行为描述性统计（$N = 735$）

	不安全行为	未记录不安全行为	不安全行为记录
均值	2.9781	2.8381	0.14
中值	3.0000	3.0000	0.00
众数	3.00[a]	4.00	0.00
标准差	0.95698	1.31835	0.523
方差	0.916	1.738	0.273
偏度	-0.346	-0.497	5.324
偏度的标准误	0.090	0.090	0.090
峰度	-0.354	-0.507	34.499
峰度的标准误	0.180	0.180	0.180
极小值	0.00	0.00	0.00
极大值	5.00	5.00	5.00

注：存在多个众数（3，4），显示最小值（3）。

员工不安全行为记录与未记录的频数统计表见表3.4、表3.5和表3.6。

记录的不安全行为是指1个自然月时段，被监管人员发现并记录的不安全行为数量。统计表明，有不安全行为记录的员工仅占被调查整体的9.7%，有90.3%的员工没有不安全行为的记录（记录次数为0）。

表3.4　不安全行为记录情况频数统计表（$N=735$）

一个月内违章记录次数	频数	百分比（%）	累计百分比（%）
0次	664	90.3	90.3
1次	54	7.3	97.7
2次	10	1.4	99.1
4次	6	0.8	99.9
5次及以上	1	0.1	100.0
合计	735	100.0	

未记录的不安全行为是指1个自然月内，未被监管人员发现或虽被监管人员发现但并未被记录的不安全行为数量。统计表明，有大量的不安全行为未被记录，说明企业在监管和记录不安全行为方面还有很多不足。当然，员工在回忆自己过去一个月内未记录不安全行为的数据时，也有可能存在误差或放大的倾向，但因为研究收集的样本数较大，可在一定程度上降低这方面的风险。

表3.5　不安全行为未记录值统计表（$N=735$）

一个月内违章未记录次数	频数	百分比（%）	累计百分比（%）
0次	47	6.4	6.4
1次	81	11.0	17.4
2次	138	18.8	36.2
3次	189	25.7	61.9
4次	245	33.3	95.2
5次及以上	35	4.8	100.0
合计	735	100.0	

经过统计被记录和未被记录的不安全行为的合计结果（即最终的不安全行为数据）。结果表明，真正未发生不安全行为（记录次数为0）的员工仅占被调查

员工的3.8%，96.2%的员工发生过不安全行为（记录次数大于等于1）。这说明不安全行为在煤矿一线员工中存在普遍性和严重性。

表3.6　不安全行为合计值统计表（$N=735$）

一个月内违章合计次数	频率	百分比（%）	累计百分比（%）
0次	28	3.8	3.8
1次	47	6.4	10.2
2次	103	14.0	24.2
3次	259	35.2	59.5
4次	259	35.2	94.7
5次及以上	39	5.3	100.0
合计	735	100.0	

二、模型分析

根据本章的研究假设，采用收集到的数据运用 AMOS17.0 建立结构方程模型，最终表明模型中有两个假设没有得到数据的支持，即安全行为态度与不安全行为的关系不显著；班组安全氛围与不安全行为的关系不显著。

删除两条假设关系，并分别运用三个不安全行为的数据值作为因变量进行运算及模型修饰，最终形成4个 SEM：①记录不安全行为与其意向的结构方程模型（简称模型1，见图3.5）；②未记录不安全行为与其意向的结构方程模型（简称模型2，见图3.6）；③不安全行为合计值与其意向的结构方程模型（简称模型3，见图3.7）；④同时根据模型修饰的相关理论、要求和修正指标提示，对模型3进行适当修饰，形成“修饰后的不安全行为合计值与其意向的结构方程模型”（简称模型4，见图3.8）。

如图3.5所示，以记录的不安全行为值为因变量，建立记录的不安全行为与不安全行为意向的 SEM（模型1）。结果表明，模型1数据能够收敛于模型。然而，不安全行为意向对记录的不安全行为的因素负荷量较低，仅为0.09，不安全行为意向与不安全行为记录的关系不显著（C. R. =0.95，P=0.34）；不安全行为风险认知偏差与不安全行为记录的关系不显著（C. R. = -0.26，P=0.80）。此外，不安全行为意向的误差方差为负值（e20 = -0.01）。因此，模型为不可接受解。分析原因，可能是不安全行为记录数据没有通过正态性检验，因为不安全行为记录数据的偏度值（skew）为5. 32，峰度值（kurtosis）为34. 5。

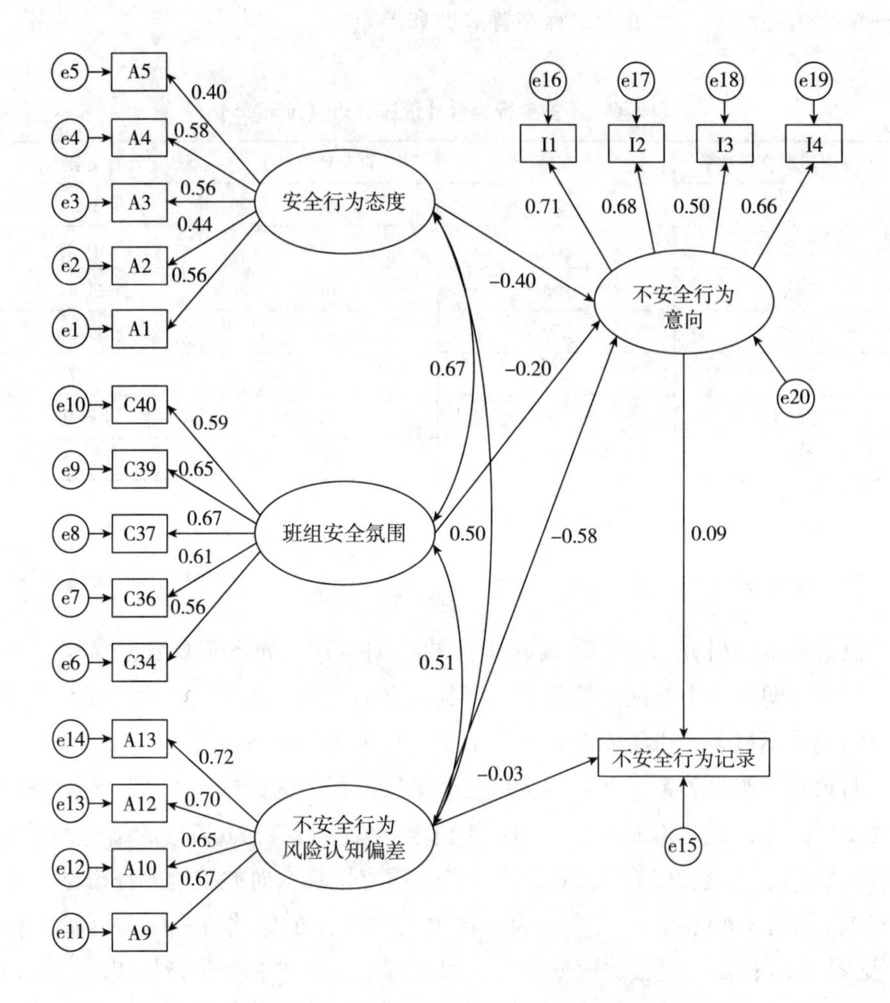

图 3. 5　记录不安全行为与其意向的结构方程模型（模型 1）

如图 3. 6 所示，以未记录的不安全行为值为因变量，建立未记录的不安全行为与不安全行为意向的 SEM（模型 2）。结果表明，模型 2 数据收敛于模型。而且，不安全行为意向对未记录的不安全行为的因素负荷量较高，数值为0. 81。模型未标准化回归系数分析表明，潜在变量之间、潜在变量与相关项目间的 P 值均小于0. 001，说明模型因子之间、模型因子与相关项目之间具有显著性影响。所有误差方差均为正值，标准化系数均低于 0. 95，说明模型 2 通过“违反估计”检验。模型数据的偏度系数 <3、峰度系数 <8，通过正态性检验。模型 2 的参数

摘要见表 3.7。

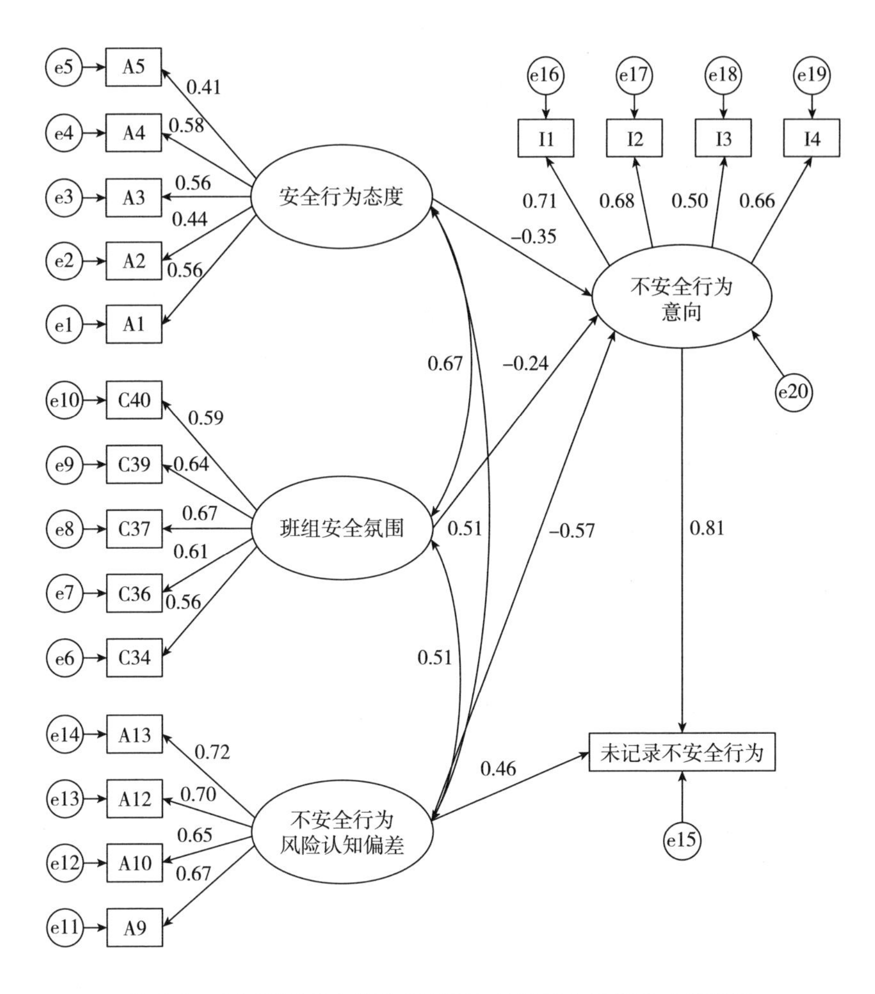

图 3.6　未记录不安全行为与其意向的结构方程模型（模型 2）

表 3.7　不安全行为意向与未记录违章行为关系模型估计参数摘要

参数	非标准化估计值	标准误	T 值	R^2	标准化参考估计值
λ_{x11}（A1←安全行为态度）	1.00	—	—	0.30	0.55
λ_{x21}（A2←安全行为态度）	0.98	0.11	9.02***	0.19	0.44
λ_{x31}（A3←安全行为态度）	0.93	0.09	10.56***	0.31	0.56
λ_{x41}（A4←安全行为态度）	0.94	0.09	10.83***	0.34	0.58

续表

参数	非标准化估计值	标准误	T值	R^2	标准化参考估计值
λ_{x51}（A5←安全行为态度）	0.80	0.09	8.45***	0.17	0.41
λ_{x12}（T4←班组安全氛围）	1.00	—	—	0.31	0.56
λ_{x22}（T6←班组安全氛围）	1.03	0.09	11.89***	0.37	0.61
λ_{x32}（T7←班组安全氛围）	0.93	0.07	12.59***	0.45	0.67
λ_{x42}（T9←班组安全氛围）	0.81	0.07	12.35***	0.42	0.65
λ_{x52}（T10←班组安全氛围）	0.73	0.06	11.65***	0.35	0.59
λ_{x13}（A9←不安全行为风险认知偏差）	1.00	—	—	0.45	0.67
λ_{x23}（A10←不安全行为风险认知偏差）	0.95	0.06	14.74***	0.42	0.65
λ_{x33}（A12←不安全行为风险认知偏差）	0.94	0.06	15.69***	0.49	0.70
λ_{x43}（A13←不安全行为风险认知偏差）	1.06	0.07	15.92***	0.52	0.72
λ_{y11}（I1←不安全行为意向）	1.00	—	—	0.50	0.71
λ_{y21}（I2←不安全行为意向）	0.80	0.05	17.17***	0.46	0.68
λ_{y31}（I3←不安全行为意向）	0.81	0.06	12.65***	0.25	0.50
λ_{y41}（I4←不安全行为意向）	0.94	0.06	16.77***	0.44	0.66
γ_1（不安全行为意向←安全行为态度）	-0.43	0.07	-5.99***	0.13	-0.36
γ_2（不安全行为意向←班组安全氛围）	-0.23	0.05	-4.50***	0.05	-0.23
γ_3（不安全行为意向←不安全行为风险认知偏差）	-0.33	0.03	-11.11***	0.32	-0.57
γ_4（不安全行为←不安全行为风险认知偏差）	0.50	0.11	4.63***	0.26	0.51
β_1（不安全行为←不安全行为意向）	1.43	0.18	7.84***	0.72	0.85
Φ_1（不安全行为态度↔不安全行为风险认知偏差）	0.23	0.03	7.73***	0.26	0.51
Φ_2（不安全行为态度↔班组安全氛围）	0.18	0.02	8.33***	0.45	0.67
Φ_3（班组安全氛围↔不安全行为风险认知偏差）	0.28	0.03	8.11***	0.26	0.51
δ_1	0.51	0.03	16.31***		0.70
δ_2	0.88	0.05	17.61***		0.81
δ_3	0.44	0.03	16.25***		0.69
δ_4	0.39	0.02	15.86***		0.66
δ_5	0.72	0.04	17.91***		0.83

续表

参数	非标准化估计值	标准误	T 值	R^2	标准化参考估计值
δ_6	0.69	0.04	16.96***		0.69
δ_7	0.57	0.04	16.35***		0.63
δ_8	0.34	0.02	15.27***		0.55
δ_9	0.29	0.02	15.71***		0.58
δ_{10}	0.32	0.02	16.63***		0.65
δ_{11}	1.15	0.07	15.95***		0.55
δ_{12}	1.13	0.07	16.22***		0.58
δ_{13}	0.84	0.06	15.20***		0.51
δ_{14}	0.98	0.07	14.87***		0.48
ε_1	0.31	0.02	16.33***		0.50
ε_2	0.24	0.01	16.83***		0.54
ε_3	0.63	0.03	18.30***		0.75
ε_4	0.36	0.02	17.04***		0.56
ζ_1（e15）	0.70	0.04	16.64***		
ζ_2（e20）	0.02	0.01	1.99*		

注：***表示 $P<0.001$，**表示 $P<0.01$，*表示 $P<0.05$。

如图 3.7 所示，以合并记录和未记录的不安全行为的数值结果为因变量，建立不安全行为与不安全行为意向的 SEM（模型 3）。结果表明，模型 3 数据也收敛于模型。而且，不安全行为意向对不安全行为的因素负荷量较模型 2 有所增加，因素负荷量为 0.85，增加 0.04，说明不安全行为意向能够更好地预测不安全行为的实际数据。通过对模型变量间相关系数的分析，均为显著（$P<0.001$）。所有误差方差均为正值，标准化系数均低于 0.95（最高值为 0.85），说明模型 3 通过“违反估计”检验。模型 3 的数据偏度系数 <3、峰度系数 <8，模型数据通过正态性检验，说明模型是可以接受的。模型 3 与模型 2 的模型估计参数差异相对较小，故略去模型 3 的估计参考摘要表。

此外，由于本章节研究新增加不安全行为意向量表。因此需要对该量表的信度和误差进行分析。不安全行为意向量表信度与误差值见表 3.8，量表的组合信度为 0.7347，平均变异抽取值为 0.413，说明建构信度较高，模型的内在质量较佳。

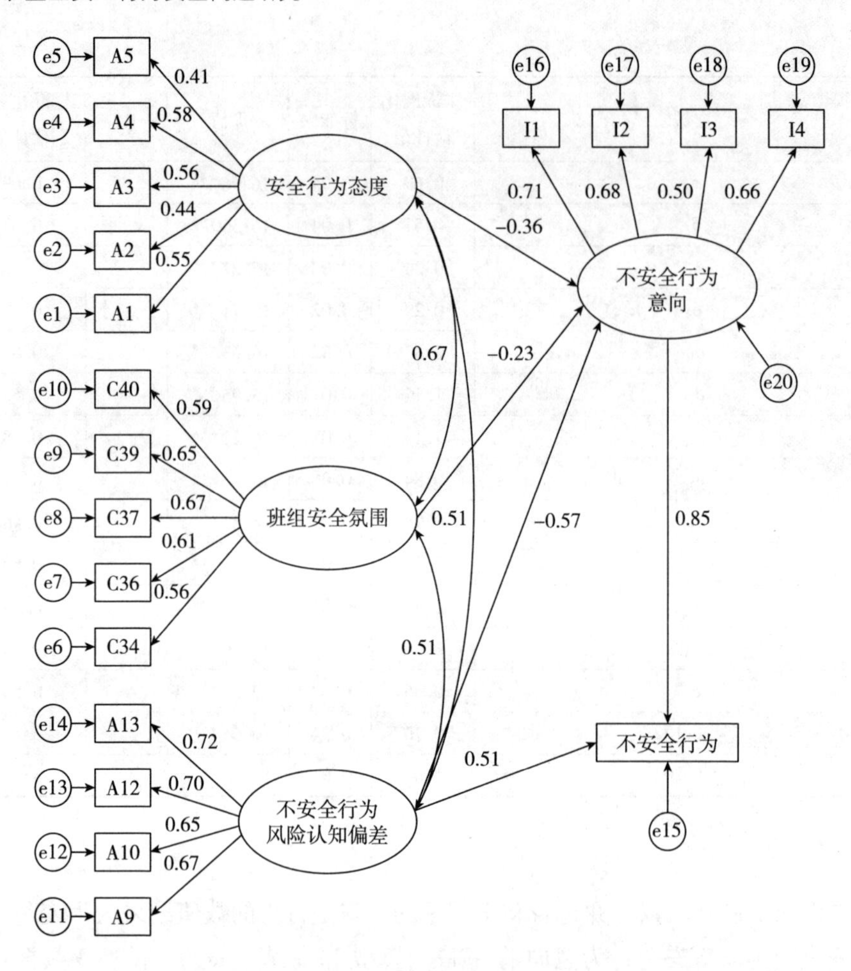

图 3.7　不安全行为合计值与其意向的结构方程模型（模型 3）

表 3.8　不安全行为意向量表信度与误差

测量指标	因素负荷量	信度系数	测量误差	组合信度	平均变异量抽取值
I1	0. 71	0. 50	0. 50		
I2	0. 68	0. 46	0. 54		
I3	0. 50	0. 25	0. 75		
I4	0. 66	0. 44	0. 56		
				0. 7347	0. 413

通过查看修饰提示，如果对误差 e2 与 e11、e2 与 e12、e11 与 e12 建立联系，

模型拟合将会有一定的改善。分析与之对应的 A2、A9、A10 项目内容，发现 3 个项目均为个体对不安全行为风险认知和态度方面的内容，3 个项目之间可能受个体安全知识、经验等的影响，存在其他的共同变异因子的可能，因此在 3 者间建立关系是可以接受的。此外 I2 和 I3 也可能存在另外共同的变异因子。据此，建立 e2 与 e11、e2 与 e12、e11 与 e12、e17 和 e18 之间的关系，对模型 3 进行修饰，形成模型 4。

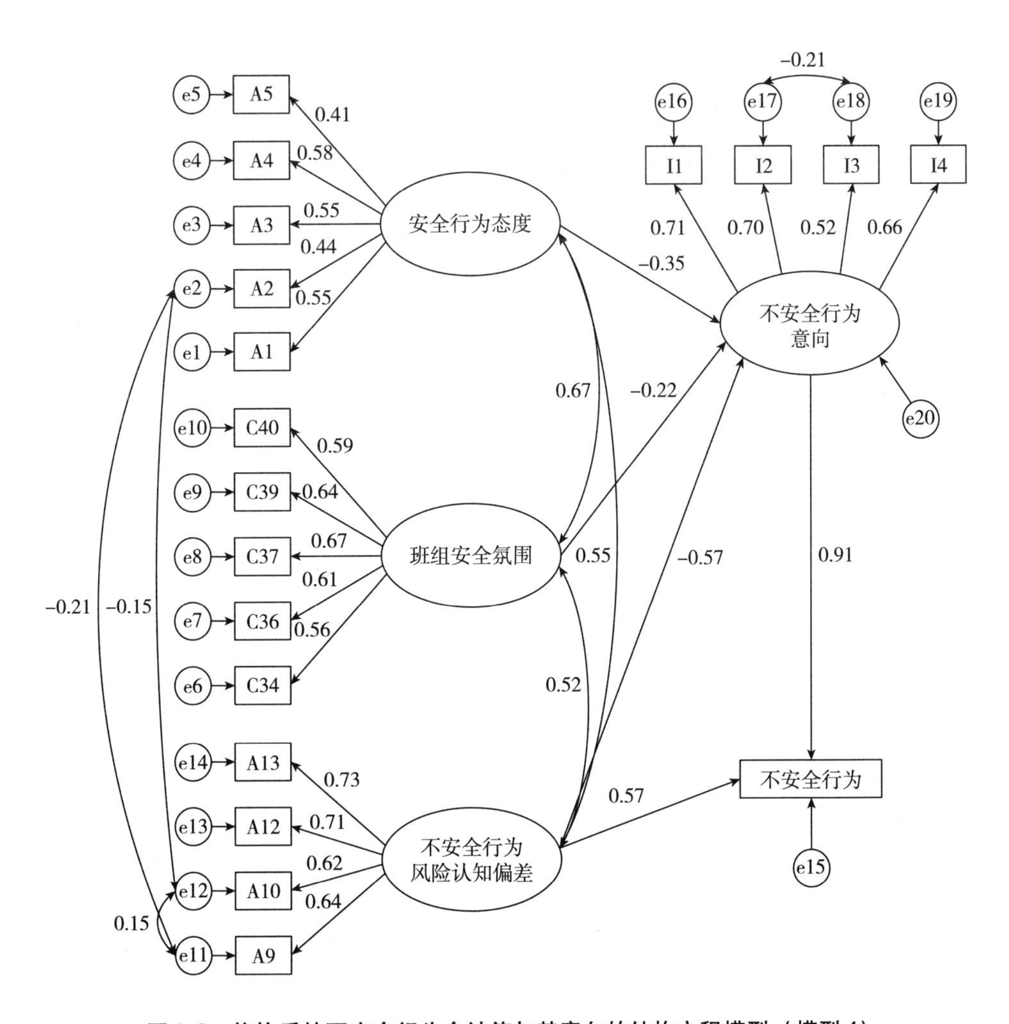

图 3.8　修饰后的不安全行为合计值与其意向的结构方程模型（模型 4）

如图 3.8 所示，模型 4 数据收敛于模型。而且，不安全行为意向对记录的不安全行为的因素负荷量较模型 3 又有所增加，因素负荷量为 0.91，增加 0.06。

说明不安全行为意向能够更好地预测不安全行为的实际数据。通过对模型变量间相关系数的分析，均为显著（$P<0.001$）。所有误差方差均为正值，标准化系数均低于0.95（最高值为0.91），说明模型4通过“违反估计”检验。修饰模型3的数据偏度系数<3、峰度系数<8，也通过正态性检验，说明模型是可以接受的。同前述原因，略去模型4的参考估计摘要表。

4个模型的主要拟合度指标值见表3.9。从表中可以看出，4个模型相关拟合指数均达到要求，但因为模型1的数据未通过正态性假设和违反估计检验，故模型1是不能被接受的。对照模型2和模型3相关指标值，模型2的在个别指标方面（χ^2/df，CFI，SRMR）有更好的拟合。而和模型4相比，模型4在相关指标方面又有较好的改进，如χ^2/df从2.21降为1.78，AGFI、NFI、CFI值均有所增加，RMSEA和SRMR值有所下降，说明模型4对数据有更好的拟合，质量更好。

表3.9　不安全行为与意向结构模型拟合度结果

指标分类	拟合指标	判断值	模型1	模型2	模型3	模型4
卡方检验与P值	df		145	145	145	141
	χ^2		298.44	311.70	320.45	250.30
	χ^2/df	<3	2.06	2.15	2.21	1.78
适合度指数	GFI	>0.9	0.96	0.96	0.96	0.96
	AGFI	>0.9	0.95	0.94	0.94	0.95
	PGFI	>0.5	0.73	0.73	0.73	0.72
	NFI	>0.9	0.92	0.92	0.92	0.94
替代性指数	CFI	>0.9	0.96	0.96	0.95	0.97
	RMSEA	<0.08	0.04	0.04	0.04	0.03
残差分析	SRMR	<0.08	0.0360	0.0362	0.0365	0.0319

注：模型1数据能够收敛，但不安全行为意向与不安全行为记录的关系不显著（C.R. =0.95，P=0.34）；不安全行为风险认知偏差与不安全行为记录关系不显著（C.R. = -0.26，P=0.80），e20 = -0.01，故模型1为不可接受解。

第五节　结果与讨论

一、不安全行为意向与不安全行为的关系

不安全行为意向与不安全行为具有显著关系的假设（H_4）得到验证，即不安全行为意向越强，发生不安全行为的可能性越大。

从分析中可以看出，记录的不安全行为与不安全行为意向虽有关系，但关系并不显著；而未记录的不安全行为数据，以及合并了记录与未记录的不安全行为，与不安全行为意向均有显著关系。之所以出现这种结果，主要记录的是不安全行为与实际发生的不安全行为结果存在差异引起的。导致差异的主要因素可能有：①瞬时或无痕属性的不安全行为很难被发现或记录。②发现的不安全行为与安全检查管理的重视程度，以及安全投入力度相关。发现的不安全行为仅是全部不安全行为的一部分；发现并记录的不安全行为是否符合随机抽样的要求，与不同单位安全检查的重视程度、检查者的水平、检查频次、检查的重点、检查的区域范围有关。③一部分不安全行为虽被管理者发现，但只在现场批评改正，并未做详细记录。因此，研究者采集到的记录的不安全行为数据，不能满足正态分布的基本要求。记录的不安全行为与不安全行为意向关系并不显著是完全可能的。

未记录的不安全行为与不安全行为意向关系显著，最终不安全行为数据与不安全行为意向的关系更为显著，因此 H_4 得到了有效支持，而且 2 份不安全行为的数据均有较低的偏度和峰度，说明数据更符合不安全行为的实际发生规律。

该结论也表明，不安全行为在一线作业人员工中具有普遍性；相关单位需要进一步完善安全检查监管体系，强化管理者的安全监管意识和安全管理水平；对不安全行为的检查和惩处不放纵、不姑息，这既是对组织负责，也是对员工负责。

二、班组安全氛围与不安全行为及意向的关系

班组安全氛围与不安全行为意向显著负相关，H_1 得到支持，即班组安全氛围越强，员工发生不安全行为的可能越低。班组安全氛围与不安全行为的关系不显著，H_5 未得到支持，说明班组安全氛围对员工不安全行为的影响主要是通过

影响员工的不安全行为意向来间接实现。因此，组织应注重班组安全文化建设，强化班组安全氛围，通过干预员工不安全行为意向，降低不安全行为的发生。

三、安全行为态度与不安全行为及意向的关系

安全行为态度与不安全行为意向显著负相关，H_2 得到数据支持，即安全行为态度得分越低，员工不安全行为意向越强烈。安全行为态度与不安全行为关系不显著，H_6 未得到数据支持，说明安全行为态度对员工不安全行为的影响主要通过影响员工的不安全行为意向来间接实现。提升员工对安全行为的积极态度，能够有效降低不安全行为的发生。

四、行为风险认知偏差与不安全行为与意向的关系

行为风险认知偏差与不安全行为意向显著正相关，H_3 得到数据支持，即对行为可能导致的风险认知偏差越大，员工不安全行为意向越强烈。行为风险认知偏差与不安全行为显著正相关，H_7 得到数据支持，即对行为可能导致的风险认知偏差越大，员工发生不安全行为的可能性越大。

这说明风险认知偏差既对员工不安全行为产生直接影响，也通过不安全行为意向对不安全行为产生间接影响。校正员工对行为风险的认知偏差，是干预员工不安全行为的重要措施。

第六节　本章小结

本章探讨了不安全行为的测量方式，编制了不安全行为意向的量表。运用结构方程模型，以记录的不安全行为、未记录的不安全行为、合并统计的不安全行为为因变量，检验了不安全行为态度、班组安全氛围、不安全行为态度、不安全行为意向等变量对它的影响。得出如下结论：安全行为态度、班组安全氛围、行为风险认知偏差与不安全行为意向有显著关系；不安全行为意向与不安全行为显著相关；安全行为态度、班组安全氛围与不安全行为关系不显著，这 2 个因素主要通过不安全行为意向这一中介变量对不安全行为产生影响；行为风险认知偏差既与不安全行为意向显著相关，又与不安全行为显著相关。

第三部分

基于相对剥夺理论的员工行为安全问题研究

第四章　员工群体相对剥夺感和个体相对剥夺感量表的编制

为有效测量员工的相对剥夺感，为后续检验相对剥夺感与不安全行为意向和不安全行为间的关系提供良好的测量工具，本章将企业员工的相对剥夺感划分为员工个体相对剥夺感和员工群体相对剥夺感，基于理论分析对两个变量的结构进行理论建构，然后采用规范的心理学量表编制程序，编制了企业员工群体相对剥夺感量表和企业个体相对剥夺感量表。

随着我国经济的快速发展和产业结构的不断升级，民众的收入水平和生活水平有了显著提升，但不同职业群体的收入及生活品质的提升幅度存在较大差别，而且一般情况下人们对收入和生活品质的提升预期要高于实际提升的幅度。也就是说，“人民日益增长的美好生活需要和不平衡不充分之间的矛盾”，在企业组织中也有大量的体现。如在不同行业、不同属性、不同规模、不同发展水平的企业组织当中，存在着无固定期合同用工、有固定期合同用工、劳务派遣、临时用工等各种用工形式，使组织里不同用工形式、不同劳动分工的员工在薪资、福利待遇、职业生涯发展、职业地位等方面存在较大差别，不同企业组织中相似岗位或相似工作任务的员工，在收入待遇、工作条件等方面也存在较大差别。在这种情形下，那些对自己职业地位、经济收入等方面不满意的个体，很容易“主观”地认为自己遭受了不公正的对待，自己理应享受的权益、理应获得的收入没有享受或获得，从而产生相对剥夺感。

由于中国文化传统强调集体主义（刘松博、李育辉，2014），员工被视为集体的组成部分（李锐、凌文辁、柳士顺，2012），这种集体主义文化强调个人与集体的紧密关系，强调个人利益服从于集体利益。而不同集体又存在不同的利益诉求，当一些凝聚力较强的集体或群体认为遭受到不公平对待，一旦被人引导或被特殊事件刺激，就容易引发负面集群行为或群体性事件（张书维、王二平、周洁，2010）。特别是在企业中，员工往往存在用工形式和劳动分工的差异，会自发形成许多非正式群体，这些群体有自身的群体规范和群体氛围，许多情绪和认知会在群体中蔓延和传播，也容易形成群体性质的相对剥夺感。因此，相对剥夺感表现为个体相对剥夺感和群体相对剥夺感两种典型形式。

尽管国外学者已对相对剥夺感进行了较多的理论和实践研究（Hanna Z，Jens B，Rupert B et al.，2013；Danny O，Chris S，2013；Hrafnhildur G，Gunnel H，Lene P et al.，2016；Wickham S，Shryane N，Lyons M et al.，2014；Anning H，2013），但这些研究对象大多以特殊群体（如种群、大学生、弱势群体等）为主，而国内关于相对剥夺感的实证研究较少，且以理论探讨为主（张书维、周洁、王二平，2009），特别缺乏对中国情境下相对剥夺感的结构和测量工具的研究（熊猛、叶一舵，2016），这在很大程度上制约了中国情境下企业员工相对剥夺感现状、前因和结果的实证研究。基于此，本章在总结、梳理国内外相对剥夺感操作性定义及测量研究的基础上，基于社会比较理论、公平理论和相对剥夺理论，运用心理测量学的方法，编制具有较高信度和效度的企业员工群体相对剥夺感量表和企业员工个体相对剥夺感量表。

第一节　企业员工群体相对剥夺感量表的编制

一、研究对象与研究方法

（一）群体相对剥夺的定义和维度假设

基于相对剥夺感的概念定义，本书对群体相对剥夺感进行定义，群体相对剥夺感是指群体通过与参照群体比较而感知到所属群体处于不利地位，进而出现群体愤怒、不满等负面情绪的主观群体认知和情绪体验。

为使员工群体相对剥夺感（Group Relative Deprivation，GRD）理论维度具有科学性和针对性，需要对相对剥夺感的操作性定义、结构进行理论分析，并对企业员工进行深度访谈，从而提出既符合相对剥夺感的内涵本质，又体现我国集体主义文化背景的群体相对剥夺感结构维度。文献回顾表明，相对剥夺感不仅包括认知成分和情感成分，而且还存在个体相对剥夺感和群体相对剥夺感之分（张书维、王二平、周洁，2010）。另外，熊猛（2015）针对流动儿童进行相对剥夺感的问卷编制时认为，将群体—认知相对剥夺感和群体—情感相对剥夺感归类为群体相对剥夺感是比较合理的。因此，不论是将群体相对剥夺感的结构分为认知相对剥夺感和群体情感相对剥夺感 2 个维度，还是将其归并视为单维结构，均有一定的理论依据。本书根据相对剥夺感分为认知和情感成分的观点，假设群体相对剥夺感也具有认知和情感两个维度。

（二）访谈、项目编写和项目修订

为进一步了解在我国集体主义文化背景下，企业员工对群体相对剥夺感的认知和感受，基于中国文化情境下企业员工特点，本书编制了企业员工群体相对剥夺感访谈提纲。然后按照理论抽样和方便抽样的原则，选取了 10 名企业员工进行访谈。在访谈过程中对访谈内容录音并对被访谈者的叙述点进行记录，访谈后及时整理成文字。

基于访谈结果，结合相对剥夺感研究的相关文献，编制了包含 58 个项目的企业员工群体相对剥夺感项目库，然后邀请高校教师、企业员工、心理学研究生对群体相对剥夺感的项目库进行阅读，剔除语义有重复、容易产生歧义、表述不清的题项，形成测量企业员工群体相对剥夺感的基本项目库。然后再次邀请高校专业老师、企业员工、心理学硕士对这些项目进行审读，并根据反馈意见反复修改。为了确保问卷的内容效度，又邀请了 24 人（其中 14 名为人力资源和管理学等相关专业的本科生、10 名为其他专业高中及以上学历的在职员工）对问卷的适宜性和可读性进行评价，以检查题项的表达是否清晰流畅、是否容易被理解。最后邀请了 6 名心理学或管理学专业的研究生对问卷进行修改和审核，最终形成含 2 个维度、19 个题项的初测问卷。

（三）正式问卷与数据收集

问卷的预测试。在正式收集数据之前，采用 Likert 式 5 点计分法对问卷进行了预测试。预测试共发放问卷 35 份，回收问卷 35 份，有效问卷 32 份，有效问卷回收率为 91.4%，预测试时发现被试对“相对剥夺感调查问卷”的表述较为敏感，且倾向于勾选“3”的中间选项。

问卷的正式发放。考虑到问卷主要测量员工的负面认知和情感，为减少被试的社会赞许性效应，因此在正式发放问卷时把“企业员工相对剥夺感调查问卷”改名为“企业员工工作感受调查问卷”。同时为提升数据的区分效果，问卷采用了 Likert 6 点式计分法，以避免调查对象填答最中间计分项的倾向。

施测对象及问卷收集。施测对象主要来自福建、河北、天津等省份工矿企业的一线和基层员工，问卷发放时先与企业管理人员联系，由企业管理人员组织被试到场后，请企业管理人员离场，由研究者发放并回收问卷。共发放正式问卷400份，剔除空白、漏选及明显未认真填写的无效问卷，共回收有效问卷315份，有效回收率79%。回收的问卷数据由心理学硕士研究生录入，并由其他研究生核对检查。为保证探索性因子分析（EFA）和验证性因子分析（CFA）所需，采用SPSS20.0软件把调查样本随机分成两部分，第一部分问卷157份，第二部分问卷158份，分别用于EFA和CFA。有效样本的人口统计学特征分布情况见表4.1。

表4.1　样本人口统计情况表（$N=315$）

变量	类别	人数	比例（%）	变量	类别	人数	比例（%）
性别	男	243	77.1	婚姻状况	已婚	261	82.9
	女	72	22.9		未婚	42	13.3
年龄	≤30岁	60	19.0		有婚史，现单身	12	3.8
	31～40岁	166	52.7	岗位性质	操作岗位	205	65.1
	41～50岁	76	24.1		技术/研发	41	13.0
	≥51岁	38	12.1		销售业务	4	1.3
实发工资	≤3000元	59	18.7		管理岗位	48	15.2
	3001～5000元	153	48.6		服务/后勤	1	0.3
	5001～7000元	77	24.4		政工	5	1.6
	≥7001	25	7.9		其他	10	3.2
最高学历	初中及以下	25	7.9	工龄	≤5年	45	14.3
	高中	109	34.6		6～10年	94	29.8
	大专	58	18.4		11～15年	69	21.9
	本科及以上	123	39.1		16～20年	46	14.6
					≥21	61	19.4

从表4.1可以看到，调查对象中男性243人，占比77.1%，女性72人，占比22.9%。比较符合当前工矿企业男性员工为主的性别分布结构。调查对象中，31～40岁的员工166人，占比52.7%，30岁及以下及41～50岁的员工分别占比19.0%和24.1%，51岁及以上的员工为38人，占比12.1%。年龄分布基本呈正态结构。在工资收入方面，5000元及以下收入的员工占比达67.3%，表明工矿企业多数员工收入水平较低，而较低收入的员工群体，往往是相对剥夺感高发的员工群体。学历分布方面，高中和本科及以上学历的分别占比34.6%和39.1%，

表明调查样本中的学历分布存在较大差异。此外，调查样本中约65.1%的员工岗位属于工人，与其他群体相比，他们的工资水平较低，与其他员工相比，他们更容易产生相对剥夺感。

二、实证结果与分析

（一）探索性因子分析与信度分析

首先进行KMO与Bartlett球形检验。KMO值和Bartlett球形检验的χ^2值表明，可以进行探索性因子分析（KMO=0.941，$\chi^2=1667.979$）。

探索性因子分析。对数据1（$N=157$）进行探索性因子分析，采用主成分提取方法，按照特征根大于1的原则和Kaiser标准化的正交旋转法分析数据，尝试剔除因子分析结果中的不合适题项（因素负载小于0.4，在两个及两个以上因子有载荷且载荷之间的差值小于0.2的题项）后继续进行因素分析，直至结果符合统计学要求，最终剩余14个项目。结果发现，因子分析的数据收敛于1个因子，1个因子的特征根值为8.741，累计解释总方差的62.244%，与预期的二维结构维度不一致。尝试因子分析时把因子提取数设定为2，结果表明多数题项在两个因子上的载荷均较高。由于群体相对剥夺感的单因子结构较二因子结构有更好的数据表现，因此分析结论是群体相对剥夺感的单因子结构变量。群体相对剥夺感项目的探索性因子分析结果见表4.2。

表4.2　群体相对剥夺感量表探索性因子分析载荷表

项目内容	因子载荷
	C1
G3：与其他群体相比，我对我所在群体的处境感到不满	0.857
G12：与其他群体相比，我对我们群体面临的局面不满意	0.841
G10：我们群体的待遇不如其他群体	0.840
G2：我觉得我所在的群体属于弱势群体	0.829
G8：我们群体的处境比其他群体糟糕	0.823
G1：与其他群体相比，我对我所在群体的收入感到沮丧	0.820
G9：与组织中的其他群体相比，我们群体的地位使我不满	0.800
G19：我对我们群体在组织中的发展空间表示担忧	0.792

续表

项目内容	因子载荷
	C1
G11：其他群体的待遇比我们好	0.785
G17：与其他群体相比，我所属群体的地位较低	0.760
G15：我所在群体的收入水平低于其他相关群体	0.757
G6：与有些群体相比，我们群体的权益被剥夺了	0.743
G4：我所在群体的工作状况让其他群体羡慕	0.695
G13：好的职业前景，并不属于我们这类群体	0.679
Cronbach's α	0.952
特征值	8.741
解释累计贡献率	62.244%

由表4.2可以看出，群体相对剥夺感的14个项目中，最低的载荷值为0.679，最高的载荷值为0.857，表明量表的效度较高。对量表进行信度检验，问卷整体的克隆巴赫系数（Cronbach's α）值为0.952，表明问卷的信度质量较高。

（二）验证性因子分析与信效度分析

基于第二部分数据（$N=158$），采用AMOS软件进行验证性因子分析，模型拟合的主要指标数据为：$\chi^2/df=2.483$，符合低于3的参考值；GFI＝0.851不符合大于0.9的参考标准；RMSEA＝0.097不符合低于0.08的参考值；PGFI＝0.625符合大于0.5的标准值；NFI＝0.902，CFI＝0.938，也均符合大于0.9的参考标准；SRMR＝0.0382＜0.08，也符合参考标准（见表4.3）。验证性因子分析的结构模型如图4.1所示。

进一步对模型进行修正，模型修正时要主要参考MI值Par Change关系进行修正，MI值越大，修饰该路径后卡方值减少越多。根据MI值Par Change指标提示，如果在误差项e2与e3、e8与e9、e9与e10、e10与e11、e10与e12间建立联系，模型卡方值减少较大，模型拟合其他指标值也有很大的提高。对与之对应的项目内容进行文本分析，发现这5组题项之间存在共同变异因子的可能。据此对模型进行修正，修正后的模型如图4.2所示。

模型修正前后的拟合指标见表4.3。由结果可知，建立的初始模型多数拟合度指标值良好，修正模型较初始模型在各项指标值方面有显著改进。

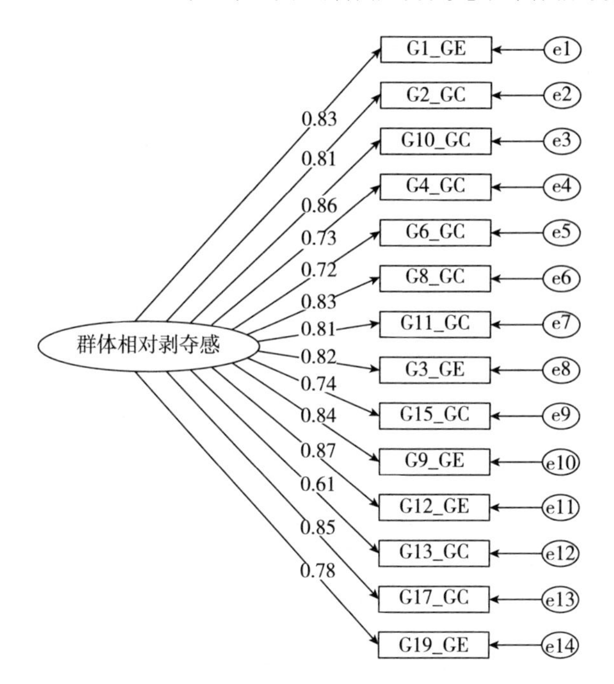

图 4.1　群体相对剥夺感的结构方程模型

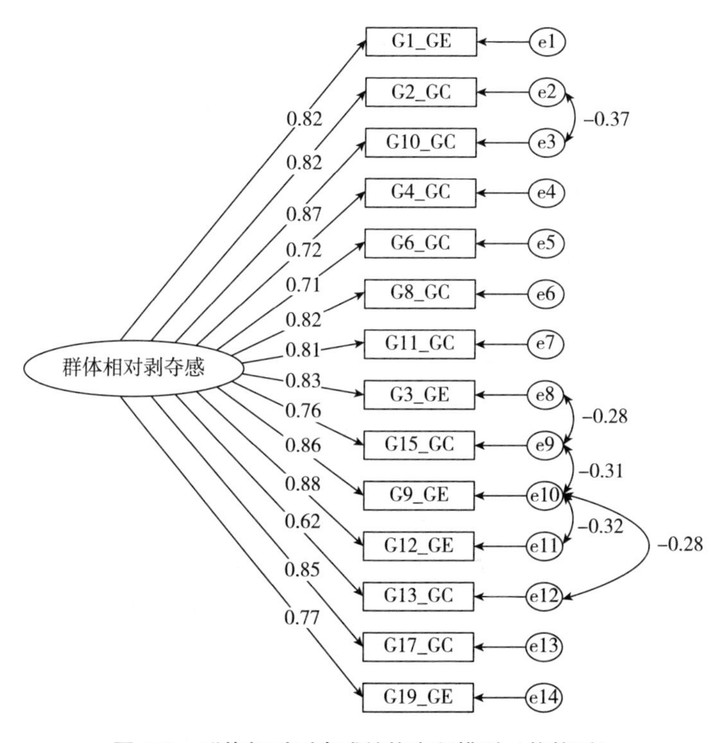

图 4.2　群体相对剥夺感结构方程模型（修饰后）

表 4.3　模型拟合指标（$N=158$）

指标分类	拟合指标	判断值	初始模型	修饰模型
卡方检验	df	—	77	72
	χ^2	—	191.180	127.026
	χ^2/df	<3	2.483	1.764
替代性指数	CFI	>0.90	0.938	0.970
	RMSEA	<0.08	0.097	0.070
残差分析	SRMR	<0.08	0.0382	0.0323
适合度指数	GFI	>0.90	0.851	0.903
	PGFI	>0.50	0.625	0.619
	NFI	>0.90	0.902	0.935

参照以往的研究，基于群体相对剥夺感结构的理论构想，原假设为群体—认知相对剥夺感和群体—情感相对剥夺感的 2 因子结构，运用 AMOS22.0 软件进行验证性因子分析发现，2 因子结构的拟合度较差，单因子拟合度优于 2 因子结构。两个竞争模型的拟合指标分析结果如表 4.4 所示。

表 4.4　竞争模型的拟合优度分析

模型/指标	χ^2/df	GFI	NFI	IFI	CFI	RMR	RMSEA
2 因子	2.512	0.852	0.902	0.939	0.938	0.078	0.098
1 因子	1.764	0.903	0.935	0.971	0.918	0.066	0.070

按单因子结构对数据 2 进行总体信度分析，结果表明 Cronbach's α 值为 0.959，量表的信度水平较高。从内容效度上看，本量表的内容来自对不同领域员工访谈的结果，并经过专业研究人员、专业师生的反复修订，能够保证在数据处理过程中不失真，对现实具有解释力。因此研究开发的群体相对剥夺感量表具有较高的信度和效度，适合进行企业员工群体相对剥夺感的测量。

三、研究结论

本节在对相对剥夺感的操作性定义和测量方式进行回顾的基础上，以社会比较理论和公平理论为基础，通过开放式访谈和预测试，拟定了 2 个维度 19 个项目的企业员工群体相对剥夺感问卷项目。基于 315 份有效问卷样本，采用探索性因子分析方法和验证性因子分析方法，对访谈研究后拟定的量表项目进行因子分析、信度分析和效度分析，最终编制出一个包括 1 个因子 14 个题项的企业员工群体相对剥夺感量表。研究结果表明，所编制的相对剥夺感量表在内部一致性系数、收敛效度和区分效度等方面均达到测量学的相关指标要求，可应用于企业员工群体相对剥夺感的研究。

研究也存在一些局限性。首先，就相对剥夺感的参照群体而言，访谈对象参照群体的选择较为多元，使得采集的群体相对剥夺感数据与实际存在一定的偏差。其次，本书只针对企业组织，对于事业单位、政府部门没有涉及。由于单位性质和群体结构方面存在较大差异，因此不同组织群体相对剥夺感的维度、内涵是否会存在差异，还需要更进一步的研究。

第二节　企业员工个体相对剥夺感量表的编制

企业员工的相对剥夺感可以分为群体相对剥夺感和个体相对剥夺感。其中员工群体相对剥夺感更容易引发集群性事件，如集体上访、集体罢工、集体违章等行为；个体相对剥夺感则对员工工作满意度、离职倾向等态度变量产生影响，但员工个体相对剥夺感对员工不安全行为等负面工作行为的影响还缺乏实证研究。由于目前尚缺乏有效的员工个体相对剥夺感量表，因此，本节依据心理学测量方法和群体相对剥夺感量表的开发流程，编制并修订员工个体相对剥夺感量表①。

一、研究对象与研究方法

（一）研究对象

第一次发放采用简单随机抽样法，选取福建、上海、河北、天津等地生产制造、矿业企业和建筑业的员工为被试，共发放问卷 400 份，剔除有明显反应倾

① 本节的研究设计和数据收集主要由作者完成，数据的具体分析和文字撰写由耿梦欣完成，该节内容是耿梦欣研究生学位论文的一部分，为使论文结构完整，也方便读者阅读，收入本章节。

向、漏答3题以上等存在较严重问题的问卷，共回收有效问卷315份（有效回收率79%）。研究样本与个体相对剥夺感量表的样本基本一致。这部分数据用于探索性因子分析。

第二次发放仍然采用简单随机抽样法，选取福建等省份矿业、化工、机械制造业的员工以及河北某矿业集团的员工为被试，共发放问卷500份，回收有效问卷423份（有效回收率84.6%）。其中男性171名（占比40.4%），女性252名（占比59.6%）。年龄分布为30岁及以下的316人（占比74.7%）、31~40岁的61人（占比14.4%）、41~50岁的36人（占比8.5%）、大于50岁的38人（占比2.4%）。实发工资中3000元以下的87人（占比20.6%）、3000~5000元的206人（占比48.7%）、5000~7000元的70人（占比16.5%）、7000元以上的60人（占比14.2%）。这部分数据用于验证性因子分析。

（二）量表维度的确定

本书对10名企业员工进行半结构化访谈。并对访谈的结果进行初步整理，把关键词归到合适的维度，具体结果见表4.5。

表4.5　对访谈结果的初步整理

归入的维度	关键词
个体—认知	同事的晋升、发展机会、同事的资质比较高、别人都是高学历人才、同事的薪酬、福利好、职场中与同事的关系、资历、学历、回报、外出学习的机会、上级领导决策的合理性、行业特殊性、用工形式的不同、薪资标准的透明性、员工职责清晰化、公司正规化、不要只停留在口头承诺、奖励区别化、五险一金缴纳金额不同、同等能力薪资不同、工作环境、工作的局限、面临的局面、同事间的竞争
个体—情感	与没付出却获得高回报的人相比获得不公正感、自己不合理的期待、老板的态度、得到自己想要的、当前处境、行业特殊性引起的不满、任务分配不公会影响心情、与兄弟姐妹相比产生不公平的感觉、职场里不公平导致工作认真度和绩效降低、愤怒、不开心、心累、迷茫、逃避、不受领导待见、被冷落、消极对待、职业成就、不公正对待、沮丧、不满意

根据文献分析和访谈结果，编制企业员工相对剥夺感项目库，并邀请高校专业教师、企业员工、心理学研究生对项目库条目进行阅读，剔除语义重复、容易产生歧义、表述不清的题项，形成包含24个题项的员工个体相对剥夺感初测问

卷，由于问卷测量在职场中员工的消极认知和情感，为了避免被试的赞许性效应，把“企业员工相对剥夺感问卷”改为“企业员工工作现状问卷”。问卷全部采用 Likert 式 6 点计分法，从“非常不同意”到“非常同意”。此外，通过文献分析，本书选取马皑（2012）编制的相对剥夺感量表作为校标问卷，该量表测量个体与参照群体比较后的主观感受，共有 4 个题项，内部一致性系数为 0.63，校标问卷同样采用 Likert 式 6 点计分方法。

（三）数据处理

把数据输入 Epidata3.1 软件，然后采用 SPSS20.0 和 AMOS22.0 软件进行探索性因子分析、验证性因子分析、信度分析和效度分析等方法进行数据处理。

二、实证结果与分析

（一）问卷的项目分析

采用临界比率法、相关法和删除该项目后量表的系数这三种方法进行项目分析，具体结果见表 4.6。

表 4.6　题项的描述性统计分析

项目	平均数	标准差	区分度（D）	校正后题项与总分的相关系数	删除该项目后量表的系数
I1	3.41	1.510	10.349	0.588	0.931
I2	3.48	1.477	7.362	0.491	0.933
I3	4.03	1.486	10.239	0.682	0.930
I4	3.54	1.489	11.118	0.696	0.930
I5	3.62	1.438	11.000	0.579	0.932
I6	3.14	1.348	10.335	0.649	0.931
I7	3.41	1.314	6.795	0.494	0.933
I8	2.80	1.364	7.699	0.547	0.932
I9	3.14	1.450	13.819	0.702	0.930
I10	2.94	1.421	10.912	0.633	0.931
I11	3.29	1.425	14.015	0.689	0.930
I12	3.46	1.400	6.713	0.438	0.934

续表

项目	平均数	标准差	区分度（D）	校正后题项与总分的相关系数	删除该项目后量表的系数
I13	3.27	1.415	11.171	0.698	0.930
I14	3.80	1.348	10.996	0.668	0.930
I15	3.18	1.413	9.623	0.674	0.930
I16	2.75	1.344	7.120	0.528	0.932
I17	3.49	1.461	9.312	0.607	0.931
I18	3.89	1.506	10.990	0.675	0.930
I19	4.10	1.358	8.912	0.645	0.931
I20	4.28	1.263	7.691	0.596	0.931
I21	3.23	1.431	7.089	0.555	0.932
I22	4.00	1.398	8.600	0.629	0.931
I23	3.89	1.461	10.242	0.709	0.929
I24	3.06	1.367	0.076	-0.031	0.940

由表4.6可知，第24题项的区分度为0.076，低于标准值3；校正后的题总相关系数为0.374，低于标准值0.4，遂将之删除。剩下的23个题项均符合相应的鉴别指标，表明剩下的23个题项都是合理且有效的。

（二）探索性因子分析

采用第一次收集的数据（$N=315$）对23个题项进行探索性因子分析。首先进行KMO检验和Bartlett球形检验。结果表明，KMO检验值为0.939，Bartlett球形检验的$\chi^2=4271.822$（$P=0.000<0.001$），表明数据适合做进一步的分析。

采用主成分分析法，斜交旋转法和特征根大于1的原则抽取因素，剔除因子分析中不合适的题项。不合适题项的标准：①共同度低于0.4的题项；②因素负荷值低于0.4的题项；③某个维度的题项少于3个；④交叉负荷大于0.3的题项；⑤题项归属不当或不易解释的。每删除一个题项就进行一次EFA，如此反复，直至结果符合统计学要求。最终删除了12个题项（第1、第2、第5、第7、第9、第10、第12、第13、第17、第18、第23题）后得到收敛效度和区分效度较好的因素结构，最终形成12个题项的正式问卷。

对形成的正式问卷进行KMO检验和Bartlett球形检验。结果表明，KMO检验值为0.905，高于经验标准0.70。Bartlett 球形检验的 $\chi^2=1770.953$（$P=0.000<0.001$），达到显著性水平，表明数据适合做进一步的分析。

探索性因子分析采用主成分分析法，斜交旋转法和特征根大于1的原则抽取因素，结合因子分析载荷表和碎石图最终发现，12个题项的数据收敛于2个因子，探索性因子分析中因子载荷表和方差贡献率见表4.7，2个因子累积解释总方差的60.162%，碎石图见图4.3。

表4.7　相对剥夺感量表探索性因子分析载荷表和方差贡献率

题项	因子载荷		共同度
	C1	C2	
I19	**0.845**	0.126	0.730
I20	**0.838**	0.068	0.707
I22	**0.745**	0.233	0.609
I14	**0.729**	0.328	0.639
I3	**0.690**	0.268	0.548
I4	**0.667**	0.409	0.611
I8	0.078	**0.781**	0.616
I16	0.063	**0.756**	0.576
I15	0.298	**0.724**	0.613
I6	0.253	**0.687**	0.576
I11	0.384	**0.627**	0.541
I21	0.356	**0.580**	0.46
Cronbach's α	0.880	0.835	
特征值	5.609	1.607	
解释累计贡献率	32.169%	27.993%	

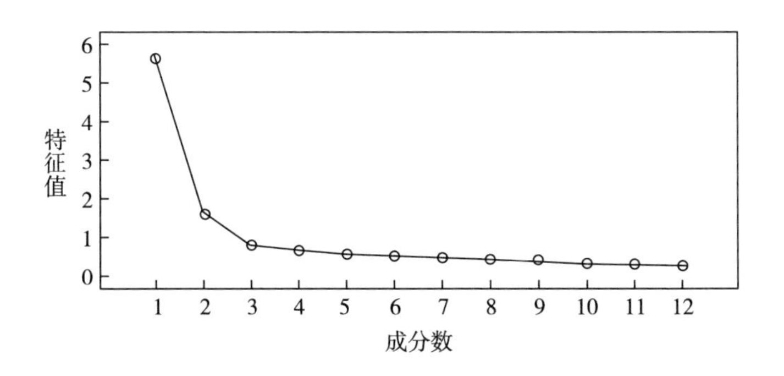

图4.3　探索性因子分析碎石图

根据分析结果，将员工相对剥夺感划分为2个维度，分别命名为：个体—认知相对剥夺感和个体—情感相对剥夺感。

维度1包括的题项为第3、第4、第14、第19、第20、第22题，共6个题项，主要包括个体在工作中获得的回报、收入、可得到的和应该得到的认知。因而，将该维度命名为“个体认知相对剥夺感”。

维度2包括的题项为第6、第8、第11、第15、第16、第21题，主要包括企业中的个体在与其他人进行比较时，对于领导的态度、自己承担的任务性质、别人的职业成就、面临的局面和自己所拥有的机会和权益，在情感、感受等方面的研究，如不满、愤恨、沮丧等。因而，将该维度命名为“个体情感相对剥夺感”。

（三）信度检验

对自编的个体相对剥夺感进行同质性信度检验，结果见表4.8。从表中可知，个体相对剥夺感量表的两个维度及问卷的总信度都在0.80以上，表明编制的个体相对剥夺感量表具有较好稳定性和信度。

表4.8　个体相对剥夺感量表的信度

	个体认知相对剥夺感	个体情感相对剥夺感	总问卷
同质性信度	0.880	0.835	0.902

（四）效度检验

1. 内容效度

量表在编制的过程中，充分考虑了中国情境下企业员工的特点，根据对不同领域员工访谈的结果，并参照国内外相关研究结果，初步确定了员工个体相对剥夺感的初测问卷。然后研究人员和专业教师依据企业员工的反馈和评定，反复修订量表的内容和表达，并对量表进行了初测和再测。因此，研究开发员工个体相对剥夺感量表具有较高的内容效度。

2. 校标关联效度

校标关联效度结果见表4.9，企业员工个体认知相对剥夺感与校标变量（$r=0.245$，$P<0.01$）呈显著正相关，个体情感相对剥夺感与校标变量呈显著正相关（$r=0.428$，$P<0.01$），表明企业员工个体相对剥夺感问卷具有良好的校标关联效度。

表 4.9 企业员工相对剥夺感问卷的校标关联效度

变量	相对剥夺感
个体—认知相对剥夺感	0.245**
个体—情感相对剥夺感	0.428**

（五）结构效度

首先，对相对剥夺感量表各维度与总分之间进行相关分析，分析结果见表4.10。

表 4.10 个体相对剥夺感各维度与总分之间的相关

	个体认知相对剥夺感	个体情感相对剥夺感	个体相对剥夺感总分
个体认知相对剥夺感	1		
个体情感相对剥夺感	0.585***	1	
个体相对剥夺感总分	0.898***	0.882***	1

由表4.10可知，各维度与量表总分的相关系数在分别为0.898和0.882，均在0.001水平上显著，属于高度水平的相关。两个维度的相关系数为0.585，在0.001水平显著，属于中等水平的相关，以上结果说明该量表具有良好的结构效度，也表明后续研究中将员工剥夺感分解为认知相对剥夺感和情感相对剥夺感有良好的数据依据。

其次，采用第二次收集的数据（$N=423$），采用AMOS22.0软件进行验证性因子分析，分析获得的主要数据指标如下：$\chi^2/df=5.483$，不符合3的参考标准；GFI=0.895不符合大于0.90的参考标准；PGFI=0.608符合大于0.50的参考标准；CFI=0.908，符合大于0.90的参考标准；NFI=0.891不符合大于0.9的参考值；SRMR=0.0483，符合参考值小于0.08的标准。验证性因子分析初始模型如图4.4所示。

进一步对模型进行修正，模型修正时参考修正指标（MI值）和估计参数改变量（PC值）关系进行修正，MI值越大，修改其路径后卡方值减少越多。根据结果指标发现，如果在误差项e5与e6间建立联系，模型卡方值减少较大（MI=38.739），模型拟合值会有较大的提高。分析与其对应的项目内容，发现这组题项之间存在其他的共同变异因子的可能。据此对模型进行修正，修正后的模型如图4.5所示。

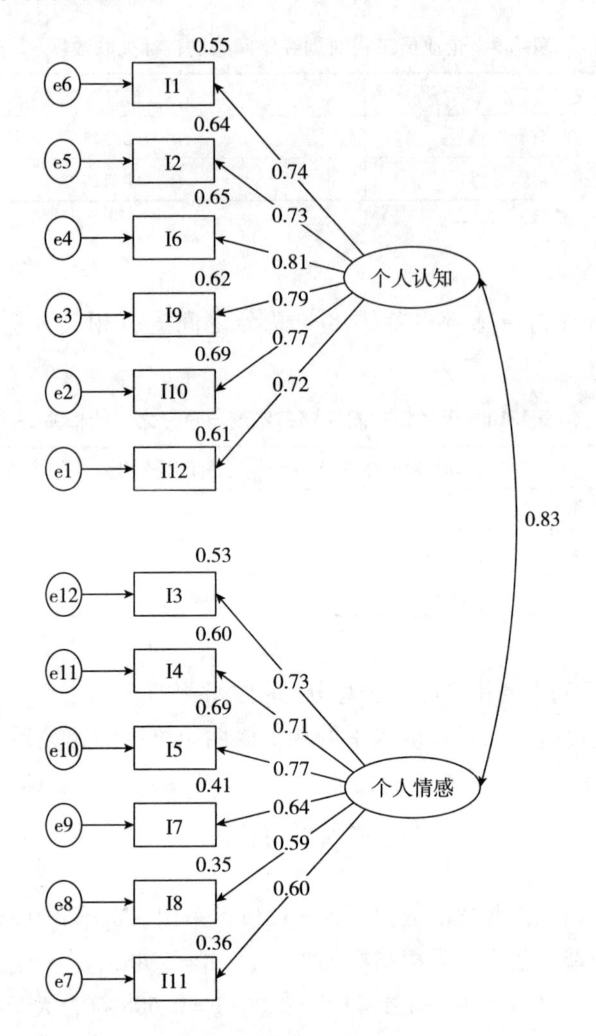

图 4.4　员工个体相对剥夺感验证性因子分析初始模型

模型修正前后的拟合指标见表4.11。由结果可知，修饰后模型的各项数据指标：GFI = 0.908 符合大于 0.90 的参考标准；PGFI = 0.605 符合大于 0.50 的参考标准；SRMR = 0.0462 符合低于 0.08 的参考值；CFI = 0.924 符合大于 0.90 的参考值；整体而言，建立的修正后的模型拟合度良好，修饰模型较初始模型有较大的改进。

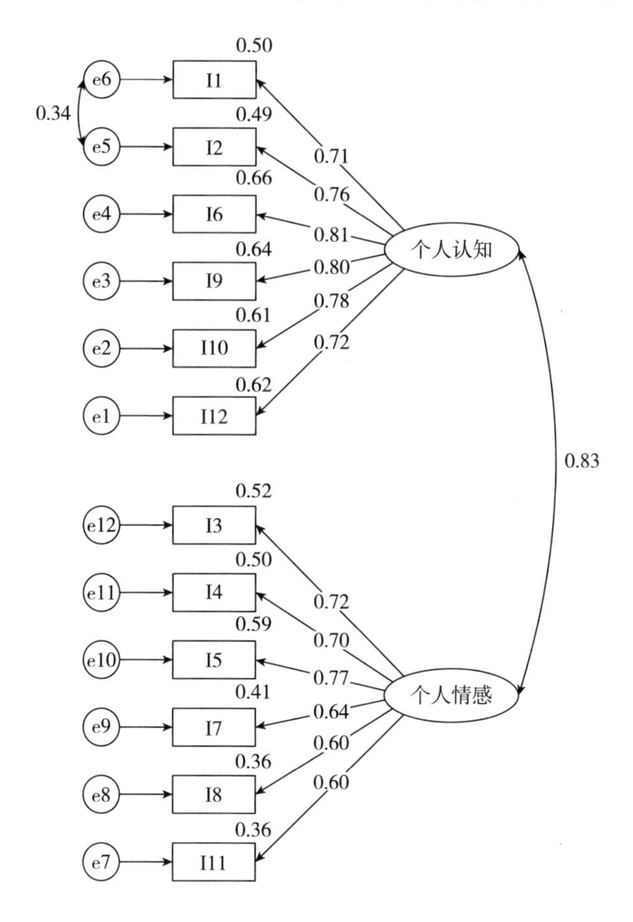

图 4.5　员工个体相对剥夺感验证性因子分析修正模型

表 4.11　模型拟合指标

	df	χ^2	χ^2/df	SRMR	RMSEA	GFI	PGFI	NFI	CFI
判断值	—	—	<3	<0.08	<0.08	>0.90	>0.50	>0.90	>0.90
初始模型	53	290.582	5.483	0.0483	0.103	0.895	0.608	0.891	0.908
修饰模型	52	248.577	4.780	0.0462	0.095	0.908	0.605	0.906	0.924

三、研究结论

本书构建了中国文化情境下企业员工个体相对剥夺感的结构，依据对相对剥夺感的概念和操作性定义以及深入访谈的结果，把企业员工个体相对剥夺感的维度划分为认知成分和情感成分两部分。

在编制员工个体相对剥夺感量表时，以社会比较理论和公平理论为基础，采用规范的问卷编制程序，通过文献分析、半结构化访谈、预测试、正式施测等程序，最终形成了2个维度、12个题项的员工个体相对剥夺感量表。两个维度分别为个体认知相对剥夺感和个体情感相对剥夺感，累计方差贡献率为60.162%，因子的载荷量和共同度均达到了测量学数据的要求，而且2个维度和理论构思阶段的相对剥夺感维度是一致的。

编制的中国情境下企业员工个体相对剥夺感问卷与Walker（1999）、Callan等（2008）编制相对剥夺感的量表结构是一致的，与熊猛、叶一舵（2016）编制的流动儿童相对剥夺感结构维度一致，与马皑（2012）编制的单维相对剥夺感量表结构不一致。整体而言，本书研究结论与多数研究一致。从变量的概念和操作性定义分析，企业员工相对剥夺感是员工认为在职场中遭受到不公平对待，且出现愤慨、嫉妒等不满意情绪的综合指标，因此员工个体相对剥夺感分为认知相对剥夺感和情感相对剥夺感两个因子是合理的。此外，本书编制的量表在信度和效度方面比以往研究有较大的提高，可以用于企业员工个体相对剥夺感的相关研究。

第三节　本章小结

本章将相对剥夺感分为个体相对剥夺感和群体相对剥夺感，采用心理学量表的开发程序，经过理论回顾、维度假设、项目库编制、项目优化、初测、再测等程序，编制完成了企业员工个体相对剥夺感量表和群体相对剥夺感量表。结果表明，编制的员工个体相对剥夺感量表呈二维结构，共有12个项目，具体可以分为认知相对剥夺感和情感相对剥夺感，累计方差贡献率为60.162%，因子的载荷量和共同度均达到了测量学数据的要求；编制的员工群体相对剥夺感量表呈单维结构，包含有14个项目。两份量表均达到了心理统计学相关指标的要求，可用于企业员工群体相对剥夺感和个体相对剥夺感的测量及相关研究。

第五章　相对剥夺感对不安全行为意向的影响：行为安全监管的调节作用

本章基于第四章编制的员工个体相对剥夺感量表，以工矿企业员工为研究对象，对员工相对剥夺感、不安全行为意向、行为安全监管等变量数据进行收集，采用回归分析法和 Bootstrapping 法进行直接效应和间接效应检验，以验证相对剥夺感对不安全行为意向的预测作用，以及行为安全监管在相对剥夺感和不安全意向关系中的调节作用。

不安全行为是引发安全事故的重要前因变量（安宇等，2020），对不安全行为前因变量的研究和积极干预，是减少不安全行为并提升安全绩效的重要路径。研究表明，个体不安全行为的发生，是个体特征、组织管理及个体工作环境等因素综合作用的结果，其中个体的不安全行为意向是不安全行为的重要前因变量，对不安全行为具有中等程度的预测效力（Martin S，Hagger et al.，2002）。然而现有员工行为安全的理论研究及管理实践，侧重于对不安全行为直接前因变量的研究和干预，如通过安全行为规范、安全监管，加大不安全行为发生的难度或成本等方式，实现对不安全行为进行管控的目的。这种“硬约束”的管控方式可在短期内降低不安全行为的发生，但如果缺乏对员工不安全行为意图的深层研究及有效干预，组织行为安全监管机制一旦失灵，不安全行为就会大量涌现。因此对不安全行为意向影响因素进行深入研究，对提升企业安全绩效、实现企业本质安全管理具有良好的理论价值和实践意义。

计划行为理论认为，个体的行为意向会受到社会规范和行为态度的显著影响（Ajzen I，2002）。针对吸烟这一负面行为的研究表明，禁止规范、道德规范等能够加大个体行为意向向行为转化的难度（Hoie Moan Rise et al.，2012）。此外，针对煤矿员工的研究表明，安全监管可以有效减少不安全行为的发生。根据计划行为理论，安全监管也应该会对员工行为安全态度和不安全行为意向产生显著影响，然而安全监管对不安全行为意向的影响，目前还缺乏有效的实证检验。此外，员工对组织公平的感知（王亦虹、黄路路、任晓晨，2017）、群体心理资本（赵海颖、李恩平，2020）、工作满意度、职业心理等个体因素显著影响员工不安全行为（方叶祥等，2019；王家坤、王新华、王晨，2018），根据态度的“认知—情感—行为意向”构成及其关系理论，个体对遭受的不公平事件的感知，会影响个体对组织的情感评价，进而对个体不安全行为意向等典型反生产行为意图产生影响。然而，现有研究对个体不公平的感知与不安全行为意向之间的关系，还缺乏深入研究和检验。

基于上述研究不足，本书基于相对剥夺理论和情感事件，拟检验相对剥夺感、行为安全监管对不安全行为意向及其行为的影响和作用，以期更好地阐释员工消极感受对不安全行为意向的影响和作用机制，从而为不安全行为意向的管理实践提供理论依据和实践参考。

第一节　理论回顾与研究假设

一、相对剥夺感和不安全行为意向的关系

相对剥夺感（Relative Deprivation，RD）是员工与参照对象进行比较后，对自己机会、权益等被剥夺的认知和情感反应，这种消极的认知和情感是员工工作满意度的重要预测变量。如基于社会比较理论的研究认为，个体倾向于和其他人进行比较，比较的结果会影响个体对工作的满意度和情感承诺（Buunk A P，Gibbons F X，2007）。对于公正敏感性较强的个体遭受不公平对待时，更容易引发愤怒、嫉妒等消极情感反应，也更容易产生反社会的行为意向及行为（Rigby L，1970）。情感事件理论认为，个体在工作场所遭受的事件会引发个体的认知和情感，这种认知和情感对行为态度和行为意向有显著预测作用。不安全行为意向是个体违反安全作业规程的意图，依照情感事件理论，个体的相对剥夺感会对不安全行为意向有显著的影响。据此提出假设：

H_1：相对剥夺感显著正向影响不安全行为意向。

二、认知相对剥夺感和情感相对剥夺感的关系

员工个体相对剥夺感是个体对自身权益、机会等受到剥夺程度的主观认知，以及基于该认知的情绪反应。因此个体相对剥夺感包含认知相对剥夺感和情感相对剥夺感两个方面，认知相对剥夺感是个体与参照对象比较后对自己处于不利地位的认知或感知，情感相对剥夺感是个体感知到自己处于不利地位而引发的不满、愤怒等消极情感。尽管二者都是个体在权利、环境、结果等方面和参照对象进行比较产生的结果（Crosby Faye，1976），但个体情感相对剥夺感是个体在自身劣势地位主观感知的基础上引发的消极情感（Smith H J et al.，2012）。换言之，相对剥夺感的认知水平会对情感相对剥夺感水平产生重要影响。因此提出假设：

H_2：认知相对剥感显著正向影响情感相对剥夺感。

三、情感相对剥夺感的中介作用

当个体和参照对象进行比较，产生自身处于不利情境或不利地位的感知时，在缺乏有效干预的情形下，个体会对其工作及所属组织产生不满、愤怒等消极情感。为化解不满、愤怒等消极情感造成的心理紧张，个体往往会产生降低工作速度或对破坏生产运营秩序的意图或行为，以获得心理平衡或降低心理资源的过度消耗。如有研究表明，个体的相对剥夺感是其产生攻击意愿的重要前因变量，同时也是工作偏差行为、退缩行为等的重要预测变量（Tobias et al.，2018）。由于不安全行为和攻击意愿、工作偏差行为等均属于指向组织的消极工作行为，具有相似的情感引发机制，这些行为往往通过个体对工作场所消极事件的认知，以及消极认知引发的消极情感的中介作用影响。因此，推测个体情感相对剥夺感在个体认知相对剥夺感和不安全行为意向的关系中起中介作用，因此提出假设：

H_3：个体的情感相对剥夺感在个体认知相对剥夺感和不安全行为意向间起中介作用。

四、行为安全监管的调节作用

不安全行为的主观规范是不安全行为意向的重要前因变量，组织对行为安全的重视和监管，有助于强化个体对行为安全的主观规范认知或安全氛围认知，从而强化积极情感（杨雪等，2020），并对个体情感相对剥夺感产生表层抑制，进而对不安全行为产生影响。同时，行为安全监管力度（程恋军、仲维清，2015）和管理者态度（朱艳娜等，2019）也会影响员工不安全行为的应对计划，进而对

不安全行为意向产生影响。因此提出假设：

H_4：行为安全监管调节个体情感相对剥夺感与不安全行为意向的关系。即行为安全监管水平越高，个体情感相对剥夺感与不安全行为意向的关系越弱；行为安全监管水平越低，个体情感相对剥夺感与不安全行为的关系越强。

上述假设构成的理论模型如图 5.1 所示。

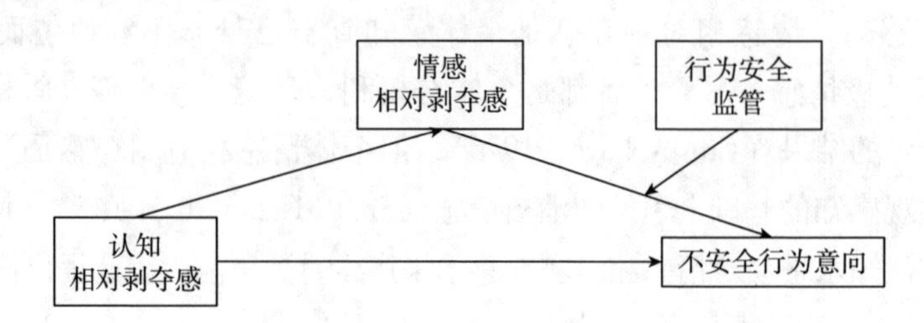

图 5.1　相对剥夺感与不安全行为意向关系的研究模型

第二节　数据来源及统计分析

一、变量的测量

认知相对剥夺感量表和情感相对剥夺感量表，采用本书第四章编制的企业员工个体相对剥夺感量表。在本书中删除了原量表中区分度稍差的第 6 个项目和第 12 个项目。最终保留认知相对剥夺感 5 个项目，情感相对剥夺感 5 个项目，认知相对剥夺感量表和情感相对剥夺感量表的 Cronbach's α 值分别为 0.880 和 0.835。

行为安全监管量表。以文献（梁振东，2012）中采用的行为安全监管量表基础，结合本次研究的访谈结果进行了适当修订。其中包括“单位对安全管理规定的执行”“不安全行为被单位发现的可能性”“单位对不安全行为的惩罚力度及其对员工收入及职业的影响”等共 6 个题项。量表的 Cronbach's α 值为 0.825。为避免方向性差异对后续调节效应检验的影响，在数据分析时，对行为安全监管的数据进行了反向计分处理。

不安全行为意向量表。以第三章中采用的不安全行为意向量表为基础，结合本次研究的访谈结果进行了适当修订。其中包括“为了省事或提高效率，一些安全作业要求是可以省略的”等 4 个题项，量表的 Cronbach's α 值为 0.877。

上述变量量表均采用 Likert 6 点式量表计分方法计分。

控制变量。根据相关研究，与员工不安全行为有显著关系的人口统计学变量主要有学历、婚姻状况、饮酒状况、吸烟等，本书将这些变量作为控制变量进行数据收集和统计分析。

二、样本及构成

研究选取福建、河北两个地区的工矿企业的员工，采用简单随机抽样方式，发放调查问卷800份，最终回收有效问卷624份，有效样本率为78%。由于工矿企业从业者以男性员工为主，且男性员工是不安全行为的高发群体，因此研究样本主要为男性，女性占比较少。在其他人口统计学方面：中专、中技及以下学历254人（占比40.7%），大专学历130人（占比20.8%），本科229人（占比36.7%），研究生及以上学历11人（占比1.8%）；已婚514人（占82.4%），未婚或有婚史、现单身110人（占比17.6%）；偶尔饮酒或不饮酒313人（占比50.2%），经常饮酒265人（占比42.4%），酗酒46人（7.4%）；承担家庭经济支出一半以上比例者436人（占比69.9%）。部分人口统计学特征详细构成见表5.1。

表5.1　样本人口统计情况表（$N=624$）

变量	类别	人数	比例（%）	变量	类别	人数	比例（%）
年龄	≤25岁	40	6.4	婚姻状况	已婚	514	82.4
	26~30岁	92	14.7		未婚	89	14.3
	36~40岁	174	27.9		有婚史，现单身	21	3.4
	41~50岁	143	22.9	岗位性质	一线作业人员	251	40.2
	51~55岁	123	19.7		辅助作业岗位	165	26.4
	≥56岁	42	6.7		后勤保障岗位	29	4.6
实发工资	≤3000元	64	10.3		技术支持岗位	47	7.5
	3001~5000元	253	40.5		管理岗位	110	17.6
	5001~7000元	277	44.4		其他	22	3.5
	≥7001元	25	4.0	用工性质	无固定期合同	111	17.8
最高学历	初中及以下	70	11.2		有固定期合同	416	66.7
	高中	184	29.5		集体工	16	2.6
	大专	130	20.8		外委（承包）	3	0.5
	本科	229	36.7		劳务派遣	57	9.1
	研究生及以上	11	1.8		其他	22	3.5

三、统计分析方法

采用 AMOS22 对数据的同源性偏差进行检验，采用 SPSS22 对数据进行相关分析、可靠性度量和回归分析，并运用 Process3.0 宏程序对中介效应和有调节的中介效应进行分析。

四、效度分析

研究中，除不安全行为外，认知相对剥夺感、情感相对剥夺感、行为安全监管和不安全行为意向均为潜变量，是采用同一份问卷且均采用 Likert 量表形式进行数据收集。为检验 4 个潜变量数据的同源性偏差问题，研究采用了四因子模型和备择因子模型对比分析。其中，备择三因子模型将情感相对剥夺感与安全行为监管两因子合并；备择二因子模型将认知相对剥夺感、情感相对剥夺感和安全行为监管三因子合并；备择单因子模型将所测量的四个因子合并。表 5.2 是四个模型的验证性因子分析（CFA）拟合结果，其中备择单因子模型与数据无法有效拟合。数据表明，假设四因子模型的 χ^2（624）=744.91，$\chi^2/df=4.54$，$P<0.01$，RMSEA=0.08，SRMR=0.05，CFI=0.91，TFI=0.90。该模型每个潜变量对应题项的平均标准化因子载荷，除安全监管的题项 6 和不安全行为意向的题项 1 在 0.6~0.7 外，其他的各个题项均在 0.7 以上，表明研究工具及其数据具有良好的结构效度。对四因子模型进行组合信度（AVE）和平均变异方差的计算，结果表明变量的 AVE 在 0.85~0.88，且各因子间的相关系数均小于对角线上的 AVE 值，显示量表具有良好的收敛效度和区分效度。相比于其他备择模型，四因子模型的拟合指数较好，且假设四因子模型和备择模型的 $\Delta\chi^2$ 显著增加，差异显著，表明研究中所测量的四个变量具有良好的区分效度。

表 5.2　测量变量的区分效度

模型	χ^2	df	χ^2/df	$\Delta\chi^2$	RMSEA	SRMR	CFI	TFI
假设四因子模型	744.91	164	4.54	—	0.08	0.05	0.91	0.90
备择三因子模型	2067.52	167	12.38	1322.62**	0.14	0.17	0.71	0.67
备择二因子模型	2717.54	169	16.08	1972.63**	0.16	0.16	0.61	0.56
备择单因子模型	3662.43	170	21.54	2917.52**	0.18	—	0.46	0.40

注：** $P<0.01$。

五、变量的相关分析和信度分析

本书涉及的主要变量：认知相对剥夺感、情感剥夺感、行为安全监管和不安全行为意向的相关分析如表5.3所示。相关分析表明，认知相对剥夺感与情感相对剥夺感、不安全行为意向存在显著的正相关（P<0.01）；情感相对剥夺感与安全行为监管存在显著的负相关（P<0.01），与不安全行为意向存在显著的正相关（P<0.01）；安全行为监管与不安全行为意向存在显著的负相关（P<0.01）。

本书采用Cronbach's α值评价各量表的信度。分析表明，认知相对剥夺感量表的α值为0.845，情感相对剥夺感量表的α值为0.848，安全行为监管的α值为0.825，不安全行为意向的α值为0.877，表明各量表的信度良好。

表5.3　变量间的相关系数（$N=624$）

变量	1	2	3	4	5	6	7	8
1. 最高学历								
2. 婚姻状况	-0.02							
3. 用工性质	-0.25**	0.16**						
4. 饮酒状况	-0.06	0.16**	0.11**					
5. 认知相对剥夺感	0.08	0.03	-0.12**	-0.01	(**0.845**)			
6. 情感相对剥夺感	-0.03	0.07	-0.04	0.10	0.62**	(**0.848**)		
7. 安全行为监管	0.09*	-0.01	-0.11**	-0.02	-0.04	-0.29**	(**0.825**)	
8. 不安全行为意向	-0.12**	0.08*	0.10*	0.18**	0.23**	0.47**	-0.28**	(**0.877**)

注：**P<0.01，*P<0.05。

六、主效应和调节效应检验

研究采用分层逐步回归分析法对变量间的基本关系进行检验。在对变量间关系进行回归分析时，根据不安全行为意向与个体人口统计学特征的研究成果，以及本书相关分析中与不安全行为意向显著相关的变量，确定将个体的学历、婚姻状况、用工性质、饮酒状况等作为回归分析时的控制变量。

首先，检验认知相对剥夺感对不安全行为意向的作用影响，分析结果如表5.4模型1和模型4所示。结果表明，认知相对剥夺感和情感相对剥夺感对不安全行为意向具有显著的正向预测作用（B=0.228，P<0.001；B=0.469，P<

0.001)，假设1得到验证。其次，由模型2可知，在加入中介变量情感相对剥夺感后，情感相对剥夺感对不安全行为具有显著的正向预测作用，认知相对剥夺感对不安全行为意向的预测系数显著下降，表明情感相对剥夺感在认知相对剥夺感与不安全行为意向的关系间起部分中介作用，假设2得到验证。再次，由模型3可知，安全行为监管与不安全行为意向的关系显著（B =0.277，P <0.01），安全行为监管对不安全行为意向有显著的负向预测作用。最后，由模型5可知，情感相对剥夺感对不安全行为意向产生显著的正向影响（B =0.426，P <0.01），行为安全监管对不安全行为意向的回归系数变弱（B =0.125，P <0.01），情感相对剥夺感和安全行为监管的交互项对不安全行为意向的影响显著（B =0.210，P <0.01）。

表5.4　研究变量的回归分析

因变量 / 控制变量与自变量	不安全行为意向				
	模型1	模型2	模型3	模型4	模型5
1. 控制变量	—	—	—		—
2. 认知相对剥夺感	0.228 **	-0.097 *			
3. 情感相对剥夺感		0.529 **		0.469 **	0.426 **
4. 行为安全监管			0.277 **		0.125 **
5. 情感相对剥夺感×行为安全监管					0.210 **
F	34.331	90.612	51.710	175.515	99.036
R^2	0.052	0.226	0.077	0.220	0.275
调整 R^2	0.051	0.223	0.075	0.219	0.272
VIF	1.000	1.611	1.000	1.000	1.024

注：** P<0.01，* P<0.05。

七、直接效应和中介效应的Bootstrapping分析

采用SPSS Process置信区间宏程序进行中介效应验证的Bootstrapping分析，结果见表5.5。认知相对剥夺感通对不安全行为意向的直接效应为-0.0965，标准误差为0.0447，置信区间为［-0.1843，-0.0088］，认知相对剥夺感通过情感相对剥夺感影响不安全行为意向的中介效应为0.3245，标准误差为0.0342，置信区间为［0.2485，0.3904］，总效应值为0.2280，标准误为0.0389，整体效应的置信区间为［0.1516，0.3044］。直接效应、间接效应和总效应的置信区间

均不包含0，表明情感相对剥夺感在认知相对剥夺感与不安全行为意向关系中的中介效应显著。

表5.5 情感相对剥夺感中介效应的Bootstrapping分析结果

因变量	效应类别	效应大小	标准误	95%置信区间	
				下限	上限
不安全行为意向	间接效应	0.3245	0.0342	0.2485	0.3904
	直接效应	-0.0965	0.0447	-0.1843	-0.0088
	完整效应	0.2280	0.0389	0.1516	0.3044

八、调节效应和有调节的中介模型检验

使用SPSS的Process宏程序进一步验证行为安全监管在认知相对剥夺感、情感相对剥夺感和不安全行为意向作用路径中的调节效应，以及整体研究模型的有调节的中介效应模型。表5.6为Process宏程序运算得到行为安全监管在不同取值下的间接效应，当行为安全监管水平较高时，认知相对剥夺感通过情感相对剥夺感对不安全行为意向的间接效应为0.257，置信区间为［0.170，0.354］；当行为安全监管水平较低时，认知相对剥夺感通过情感相对剥夺感对不安全行为意向的间接效应为0.319，置信区间为［0.250，0.396］。两个置信区间均不包含0，表明不论行为安全监管水平取高值还是低值，认知相对剥夺感通过情感相对剥夺感对不安全行为意向的间接效应均是显著的，且行为安全监管的调节效应显著。表5.6右侧的数据表明，行为安全监管水平通过情感相对剥夺感对不安全行为意向的间接关系存在调节作用的判定指标是0.051，置信区间为［0.018，0.119］，置信区间不包含0，表明安全监管与认知相对剥夺感、情感相对剥夺感和不安全行为意向构成的有调节的中介效应模型显著。

表5.6 被调节的中介效应的Bootstrapping分析

因变量	条件间接效应					有调节的中介效应			
	调节变量	效应	标准误	95%置信区间		INDEX	标准误	95%置信区间	
				下限	上限			下限	上限
不安全行为意向	高值	0.257	0.0479	0.170	0.354	0.051	0.035	0.018	0.119
	低值	0.319	0.036	0.250	0.396				

第三节　本章小结

不安全行为意向是不安全行为的重要前因变量，检验相对剥夺感对员工不安全行为意向的作用机制，对不安全行为意向的干预具有理论和实践意义。本书基于相对剥夺理论和公平理论，采用简单随机抽样方法，从工矿企业收集 624 份问卷数据，采用逐层回归分析和 Bootstrapping 法检验了个体认知相对剥夺感、情感相对剥夺感与不安全行为意向的关系，以及行为安全监管对个体情感相对剥夺感和不安全行为意向关系的调节作用。得出如下结论：

（1）情感相对剥夺感在认知相对剥夺感和不安全行为意向中起完全中介作用。个体对自身利益的剥夺认知是员工个体产生不平、愤恨、嫉妒等情感相对剥夺感的重要前提，也是引发个体不安全行为意向的深层原因之一，而个体情感相对剥夺感在认知相对剥夺感和不安全行为意向的关系中起完全作用。因此，对员工个体情感相对剥夺感的有效干预，是短期内降低员工不安全行为意向的重要路径，但若对个体的认知相对剥夺感及其诱因进行深层干预，则会对不安全行为意向的控制产生更好的持续性效果。

（2）行为安全监管力度对个体情感相对剥夺感与不安全行为意向的调节效应显著，行为安全监管与认知相对剥夺感、情感相对剥夺感和不安全行为意向构成的有调节的中介效应模型显著。这表明行为安全监管可以有效地调节不安全行为意向和不安全行为之间的关系，也对个体情感相对剥夺感引发的不安全行为意向具有调节作用。因此强化行为安全监管力度并注重监管方式的改进和优化，对不安全行为意向及不安全行为的干预具有良好的作用和价值。

因此，在工矿企业安全管理实践中，如果不注重员工对公平需求的满足，员工就容易出现自身机会或权益被剥夺的认知，产生认知相对剥夺感，进而对同事及组织产生嫉妒、愤怒等消极情绪，出现情感相对剥夺感，这种认知和情感的相对剥夺感对不安全行为意向有显著的影响。尽管员工情感相对剥夺感向不安全行为转化时，行为安全监管有显著的调节效应，但并不能完全依赖该手段实现对不安全行为意向的有效干预。组织还需要采取积极的工作方式，提升管理工作的透明度和公平度，以降低员工的相对剥夺感，才能更好地降低员工对组织的不满乃至报复组织的情绪，进而实现降低员工不安全行为意向的管理目的。

第六章　情感相对剥夺感对员工不安全行为意向的影响：家长式领导风格的调节作用

家长式领导风格在工矿企业普遍存在，但家长式领导风格对员工不安全行为意向的影响还存在争议，而情感相对剥夺感是不安全行为意向的重要预测变量，但情感相对剥夺感和家长式领导风格对不安全行为意向影响机制的研究还存在不足。本章以工矿企业员工为研究对象，通过216份有效样本数据的收集，采用逐层回归分析方法，检验威权领导、仁慈领导等家长式领导风格和情感相对剥夺感对不安全行为意向关系的交互作用。

相对剥夺感是个体将自身状况与参照对象进行比较后，认为自己处于不利情境中并出现机会或权益被剥夺的认知，以及产生的嫉妒、愤慨等消极情感体验。员工在工作过程与自己的上司紧密接触，对上司领导风格极为敏感，领导对员工的态度及行为，会在较大程度上影响员工的工作态度及工作行为。同时，在当前互联网时代，信息的传播渠道更加多样，员工与组织内外联系沟通的机会更多，也更可能多元化地选择参考对象进行社会比较。按照上行公平比较理论，多数人在比较时会选择比自己略强的参照对象进行比较（刘得明、龙立荣，2008），这种选择倾向更容易引发相对剥夺感。研究表明，相对剥夺感对员工工作退缩（岳金笛、梁振东，2020）、离职意向（时勘等，2015）等负面的行为意向及行为有较好的预测作用，第五章的研究也表明相对剥夺感对不安全行为意向有显著的影响，但不同领导风格是否会对相对剥夺感和不安全行为意向的关系有调节作用，目前的研究还不充分。因此，本章主要探讨工矿企业员工面对不同风格的领导者时，在不安全行为意向方面是否存在显著差异，研究结论对优化工矿企业领导风格、促进员工行为安全水平提升有理论和实践意义。

家长式领导是东方传统文化背景下出现的典型的领导风格，这种领导风格在工矿等传统型企业中普遍存在，家长式领导包括三种典型形式，即威权领导、仁慈领导和德行领导（周浩、龙立荣，2007）。在工矿和工程企业，家长型领导的主要表现形式是仁慈领导和威权领导。因此，本章以工矿企业和工程企业员工为研究对象，通过线上调查和线下调查相结合的形式，收集工矿企业领导风格、员工不安全行为意向和相对剥夺感的数据，检验不同形式的家长式领导风格对员工相对剥夺感和不安全行为意向的调节效应。

第一节　理论回顾与研究假设

一、员工情感相对剥夺感与不安全行为意向的关系

当个体与参照对象进行比较，认为自己的机会或权益被剥夺，如果缺乏及时有效的干预，就会产生愤怒、怨恨等消极情感。个体为化解这种消极情感或为求得心理平衡，会产生消极行为意向或消极工作行为。如有研究表明，个体的相对剥夺感对其攻击意愿有显著影响，也会对冲突抵抗、退缩逃避等行为产生显著影响（张大钊、曾丽，2019）。由于不安全行为与冲突抵抗、工作退缩行为等均属于指向组织的消极工作行为，具有相似的情感引发机制。而且第五章的研究结论也表明，情感相对剥夺感对个体不安全行为意向的影响更为显著。因此提出假设：

H_1：个体情感相对剥夺感对员工不安全行为意向有显著的正向影响。

二、家长式领导风格与不安全行为意向的关系

领导风格的划分有很多标准和类型，本书主要采用家长式领导的理论框架，针对在工矿企业普遍存在的威权领导与仁慈领导两种领导风格进行研究。研究表明，仁慈领导对员工的组织公正感有显著的积极影响，威权领导对员工的领导公正评价有显著的消极影响（周浩、龙立荣，2007）。威权领导强调对员工实施严苛的管理，容易使员工产生逆反心理，但受我国文化传统的影响，员工会出现表面遵从领导，但在实际工作中采取消极怠工甚至有意违章的方式进行隐性的抗衡。而仁慈领导主张给予员工足够的关怀，以使员工更加努力工作，仁慈领导有助于提升员工的组织规范承诺，使员工更愿意遵守组织的安全规章制度。因此提出假设：

H_2：家长式领导风格对员工的不安全意向有显著的影响。

H_{2a}：仁慈领导对员工不安全行为意向有显著的负向影响。

H_{2b}：威权领导对员工不安全行为意向有显著的正向影响。

三、家长式领导风格的调节作用

员工的情感相对剥夺感的产生机制较为复杂，家长式领导风格又存在多种表现，特别是仁慈领导和威权领导是两种近似对立的领导风格，两种领导风格对不安全行为意向的可能会产生不同方向的影响。因此本书将家长式领导风格作为调节变量，即仁慈领导或威权领导会调节员工情感相对剥夺感与不安全行为意向的关系。据此提出假设：

H_3：家长式领导风格在员工相对剥夺感与不安全行为意向的关系中起调节作用。

H_{3a}：威权领导在员工情感相对剥夺感与不安全行为意的关系中起正向调节作用。

H_{3b}：仁慈领导在员工情感相对剥夺感与不安全行为意向的关系中起负向调节作用。

汇总上述研究假设，本章的研究模型如图 6.1 所示。

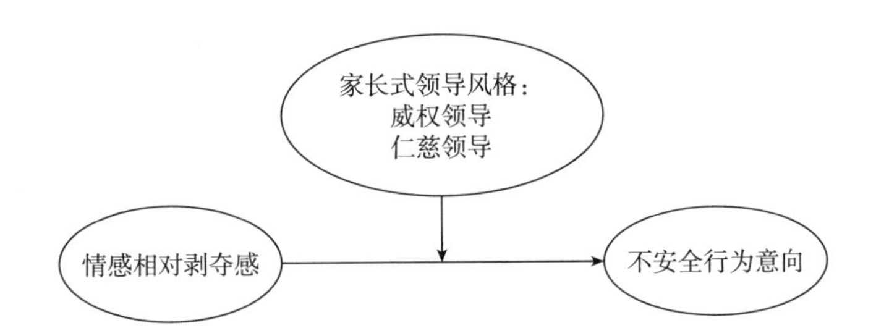

图 6.1　情感相对剥夺感、家长式领导与不安全行为意向的假设模型

第二节　数据来源及统计分析

一、测量工具

威权领导与仁慈领导量表，采用傅晓、李忆、司有和于 2012 年开发的威权领导与仁慈领导量表，该量表参了考樊景立、郑伯埙等（2000）以及郑伯埙、周丽芳等（2003）使用过的量表，最终形成包含10道题项的量表。代表性项目如“他（她）会向我嘘寒问暖”，“工作中，他（她）能够以身作则”，“工作中，大小事情都由他（她）独自决定”等，该量表Cronbach's α值为0.87。

不安全行为意向量表采用本书的自编量表。该量表基于文献文析，结合本次访谈结果确定。在本书第二章已对该量表的信度和效度进行检验，量表包括“为了省事或提高效率，一些安全作业要求是可以省略的”等4个题项，该量表的Cronbach's α值为0.877。

情感相对剥夺感的量表，采用本书第四章编制的企业个体情感相对剥夺感量表。在本书中情感相对剥夺感共有5个项目，情感相对剥夺感量表的Cronbach's α值为0.835。

上述研究变量，均采取Likert量表计分方式，分为六级，即非常不同意、不同意、有点不同意、有点同意、同意、非常同意。

二、样本及构成

本书通过线上问卷和线下问卷相结合的方式收集数据。调查对象主要为工矿企业和建筑企业的基层员工，主要集中在福建漳州、福州等地区，少量研究数据来自河北的矿业企业，问卷设计充分考虑了被调查者的性别、婚姻状况、年龄、受教育程度等人口统计学变量。线上问卷主要通过一对一发放问卷链接的方式，邀请企业员工进行填写；线下问卷主要通过便利抽样的方式，进入相关企业面对面发放回收。调查共收集线上问卷153份，发放线下问卷150份，收回线下问卷108份，共计收回261份问卷，剔除填写时间过短（填写时间少于60秒）、填写态度过于随意（多项题目同一选择项）、填答有缺项等无效问卷后，最终获得216份有效问卷。有效问卷的结构分布见表6.1。

表6.1 样本统计特征（$N=216$）

项目	分类	样本数	百分比（%）
性别	男性	158	73.15
	女性	58	26.85

续表

项目	分类	样本数	百分比（%）
加班情况	正常双休不加班	92	42.59
	正常双休有加班	56	25.93
	单休无加班	25	11.57
	单休有加班	21	9.72
	其他	22	10.19
单位性质	矿业企业	38	17.59
	工业企业	78	36.11
	建筑企业	66	30.56
	其他	34	15.74
月工资收入（实发）	3000 元及以下	64	29.63
	3001～4000 元	71	32.87
	4001～5000 元	22	10.19
	5001～6000 元	25	11.57
	6001～7000 元	15	6.94
	7000 元以上	19	8.80
学历	初中及初中以下	25	11.57
	高中、职高、中专、中技	79	36.57
	大专	67	31.02
	本科	45	20.83
	研究生	0	0.00
婚姻状况	未婚	102	47.22
	已婚	114	52.78

从表 6.1 可以看出，在回收的 216 份有效样本中：男性 158 人，占比 73.15%；女性 58 人，占比 26.85%。在婚姻状况方面，已婚 114 人，占比 52.78%；未婚 102 人，占比 47.22%。在受教育程度方面，高中及以下 104 人，占比 48.14%；大专及以上 112 人，占比 51.86%。在月工资收入（实际发放）方面，4000 元以下 135 人，占比 62.5%，表明样本群体整体收入水平偏低，更容易产生相对剥夺感。在单位性质方面，在矿业企业工作的 38 人，占比 17.59%；在工业企业工作的 78 人，占比 36.11%；在建筑类企业工作的 66 人，占比 30.56%。

三、实证结果与分析

研究对收集的216份有效样本数据，采用SPSS22.0进行描述性统计和相关分析，并对情感相对剥夺感、不安全行为意向、仁慈领导与威权领导四个变量进行效度和信度的检验，最后运用SPSS22.0进行回归分析和调节效应检验，以验证假设是否得到数据支持。

（一）信度分析

本书以Cronbach’s α系数检验情感相对剥夺感、不安全行为意向、仁慈领导与威权领导的内部一致性。情感相对剥夺感、不安全行为意向、仁慈领导与威权领导的信度分析结果如表6.2所示。

表6.2　情感相对剥夺感、不安全行为意向、仁慈领导与威权领导的信度分析

变量	题项数	Cronbach’s α
不安全行为意向	5	0.831
情感相对剥夺感	5	0.863
威权领导	5	0.754
仁慈领导	5	0.805

从表6.2中可以看出，不安全行为意向的Cronbach’s α值为0.831，情感相对剥夺感的Cronbach’s α值为0.863，威权领导的Cronbach’s α值为0.754，仁慈领导的Cronbach’s α值为0.805，均大于0.7，表明数据具有良好的内部一致性，可进一步开展回归分析。

（二）均值和方差分析

对各变量项目值计算平均值后进行均值和方差分析，4个变量的均值和方差分析结果见表6.3。

表6.3　描述性统计分析（$N=216$）

	Min	Max	M	SD
不安全行为意向	1	5.8	2.9843	0.86867
情感相对剥夺感	1	5.5	3.7152	0.73393
威权领导	1.2	5.7	3.6331	0.81256
仁慈领导	1	5.4	3.7579	0.94212

（三）相关分析

采用 SPSS22.0 对数据进行相关分析，以探究员工不安全行为意向与情感相对剥夺感以及与威权领导、仁慈领导之间的相互关系，分析结果如表 6.4 所示。

表 6.4　情感相对剥夺感、威权领导、仁慈领导与不安全行为意向的相关性分析

	不安全行为意向	情感相对剥夺感	威权领导
情感相对剥夺感	0.226**		
威权领导	0.137*	0.477**	
仁慈领导	-0.439**	-0.182**	-0.305**

注：**表示在 0.01 水平（双侧）上显著相关，*表示在 0.05 水平（双侧）上显著相关。

表 6.4 中的数据表明，员工的不安全行为意向与情感相对剥夺感、威权领导、仁慈领导的相关系数分别为 0.226、0.137 和 -0.439，情感相对剥夺感与威权领导、仁慈领导的相关系数分别为 0.477 和 -0.182，均在 0.05 及以上水平显著，表明不安全行为意向与情感相对剥夺感、威权领导、仁慈领导都具有较高的相关性。不安全行为意向与情感相对剥夺感、威权领导的相关系数分别为 0.226 和 0.137，均在 0.05 及以上水平显著，表明不安全行为意向与情感相对剥夺感、威权领导存在正相关的关系，威权领导与仁慈领导的相关系数为 -0.305，均在 0.05 及以上水平显著，表明威权领导与仁慈领导存在负相关关系。

（四）回归分析

根据相关性分析结果，在控制单位性质、学历情况与月工资收入等变量的前提下，采用 SPSS22.0 对自变量、调节变量及因变量进行了中心化处理，计算相关乘积项，然后再进行回归分析。分别以不安全行为意向为因变量，以情感相对剥夺感为自变量（模型一、模型四），以不安全行为意向为因变量，以情感相对剥夺感和威权领导为自变量（模型二），以不安全行为意向为因变量，以情感相对剥夺感和仁慈领导为自变量（模型五），以不安全行为意向为因变量，以威权领导为调节变量（模型三），以不安全行为意向为因变量，以仁慈领导为调节变量（模型六），进行回归分析，分析结果见表 6.5 和表 6.6。

通过表 6.5 和表 6.6 数据可以看出：威权领导在情感相对剥夺感与不安全行为意向的关系之间具有较为显著的调节作用；而仁慈领导风格领导所起到的调节作用则在统计学意义上不显著。由此可见，家长式领导不同的领导风格对情感相对剥夺感和不安全行为意向间关系的调节作用存在较大差异，其调节效应主要取决于领导风格类型。

表 6.5　情感相对剥夺感、威权领导与不安全行为意向关系的回归分析结果

因变量	模型一		模型二		模型三	
	B	*β*	*B*	*β*	*B*	*β*
常量	1.956		1.546		0.028	
自变量：情感相对剥夺感	0.226***	0.226***			0.219***	0.219***
调节变量：威权领导			0.137***	0.137***	0.027	0.027
乘积项：情感相对剥夺感×威权领导					0.059***	0.072***
R^2	0.051		0.19*		0.057	
调整 R^2	0.047		0.014		0.044	
F	11.162***		3.932*		4.157***	
Sig.	0.001		0.049		0.007	

注：*表示 $P<0.05$，**表示 $P<0.01$，***表示 $P<0.001$，因变量为不安全行为意向。

表 6.6　情感相对剥夺感、仁慈领导与不安全行为意向关系的回归分析结果

因变量	模型四		模型五		模型六	
	B	*β*	*B*	*β*	*B*	*β*
常量	1.956		1.686		0.002	
自变量：情感相对剥夺感	-0.182***	-0.182***			-0.149*	-0.149*
调节变量：仁慈领导			-0.412***	-0.412***	-0.414***	-0.414***
乘积项：情感相对剥夺感×仁慈领导					-0.012	-0.014
R^2	0.051		0.215		0.215	
调整 R^2	0.047		0.208		0.204	
F	11.162***		28.244***		18.759***	
Sig.	0.001		0.000		0.000	

注：*表示 $P<0.05$，**表示 $P<0.01$，***表示 $P<0.001$，因变量为不安全行为意向。

根据6.5和表6.6的数据，假设3部分成立。形成这种结果的原因可能是传统工矿企业的组织结构大多科层制的特点，威权领导风格在工矿企业更广泛存在，随着企业年轻员工的不断加入，他们对威权领导风格有更多的排斥抗拒，威权领导更有可能唤起员工的情感相对剥夺感，刺激员工发生违章、破坏生产等负面行为意向。而仁慈领导，可能会弱化员工的情感相对剥夺感，进而减少员工的不安全行为意向。因此，仁慈领导对不安全行为意向的预测效应更为显著，但情感相对剥夺感和仁慈领导的交互效应并不显著。

第三节　本章小结

研究基于 216 份有效调查数据，分析了在工矿企业典型存在的家长式领导风格对情感相对剥夺感和不安全行为意向关系的调节作用，得出如下结论：①员工情感相对剥夺感与不安全行为意向的关系显著。数据表明，员工的情感相对剥夺感与不安全行为意向具有显著正相关的关系，即员工的情感相对剥夺感越高，不安全行为意向越高，该研究再次印证了第五章的主效应研究结论。②威权领导风格对情感相对剥夺感和不安全行为意向的关系，在统计学意义上有调节作用，威权领导风格越明显，情感相对剥夺感对不安全行为意向的影响越大。但是，仁慈领导在情感相对剥夺感对不安全行为意向影响方面，在统计学意义上调节效应并不明显。

第七章　不当督导对员工不安全行为的影响：相对剥夺感和组织内信任的作用

不当督导在工矿企业中大量存在，但不当督导对员工不安全行为的影响及其作用机制的研究还不充分。本章通过619份有效样本数据的收集和分析，检验不当督导对员工不安全行为的影响，以及组织内信任对不当督导和员工不安全行为的调节作用。

不恰当的管理或督导方式是引发不安全行为的重要因素（王丹，2012）。情感事件理论认为，工作情景会引发员工工作态度的变化，继而影响其工作行为（段锦云等，2011）。根据该理论，不当督导的管理风格会引发员工工作情绪的变化，进而对不安全行为产生影响，但目前该关系路径还缺乏有效的数据支持。

在工矿和工程企业一线单位，以辱虐管理为典型风格的不当督导是一种常见的管理风格。而且管理者往往会根据下属与自己的关系，将下属分成“自己人”和“普通下属”进行区别对待。普通下属更有可能遭受到辱虐管理或者不当督导的对待，当这些普通下属与领导的“自己人”进行比较，或者与部门及公司外其他员工进行比较时，很容易产生自己遭受不当对待，或自己应得的机会或权益被剥夺的认知和消极情绪感受，这种消极的认知和情感，又有可能诱发反生产行为、不安全行为等消极工作行为。

此外还有证据表明，员工的传统性会调节不当督导与员工消极行为的关系（吴隆增、刘军、刘刚，2009）。传统型员工往往更认同管理者的权威地位，对管理者的不当督导形式，具有更加宽容或接受的态度。根据该结论可以推断，传统性较强的员工对领导者和组织有更高水平的信任感，这种较高水平的信任感会弱化管理者不当督导对其造成的不适感，因此会表现出较少的消极情感和消极行为反应，然而该推断也还缺乏有效的实证支持。基于上述原因，本章将实证检验不当督导对员工相对剥夺感和不安全行为的影响，以及员工组织内信任对不当督导和员工相对剥夺感关系的调节作用。

第一节　理论回顾与研究假设

一、不当督导与不安全行为的关系

不当督导是指员工对上级具有言语或非言语形式上的敌意性行为的知觉评价（Tepper B J，2000）。Tepper（2000）和 Harvey（2007）等归纳了不当督导的三个典型特点，即主观性——员工对上级不当督导行为是一种主观感知和评价；情境性——不当督导包括言语与非言语行为，但不包括身体攻击；持续性——不当督导是上级与下属在互动过程中经常表现出的一种不受控制的敌意行为，不是偶然发生的。

工矿企业的组织结构具有典型和科层制特点，不当督导方式在工矿企业广泛存在，同时工矿企业的员工有更多的不安全行为。研究表明负性的领导行为方式会对员工的工作行为产生大的影响。如上级对员工的辱骂、嘲笑、粗暴等行为会消耗员工大量的精力，引发员工产生一系列无助、羞辱等负面情绪反应及痛苦心理，导致员工的工作绩效降低（李乃文、刘孟潇、牛莉霞，2019）、工作退缩行为频发（许晟、王孟婷、郭如良，2019），工作偏离行为的出现频率也会显著增加。而意向性不安全行为是员工有意识地、受目的支配的明知违反法律法规、生产安全制度的不良工作行为，也被称为安全偏离（偏差）行为（王丹、沈玉志，2010），因此不安全行为也会受到上级不当督导方式及程度的影响。

此外，根据替代性攻击理论，员工遭受到上级的不合理对待时，会选择不具有威胁性的替代性攻击目标（同事和组织），使自己与同事间的人际关系变得更加紧张，职场偏差行为（消极怠工、违背组织规则等）的发生更加明显。员工遭受上级的不合理对待时，工作压力也会增加，而李乃文、张丽和牛莉霞（2017）研究发现，员工的角色冲突越大、组织支持越低，员工工作压力越大，员工的安全注意力就会衰减，也容易引发员工操作行为失当，做出错误的行为决策或引发不安全行为。因此可以推断出，面对上级的不当督导时，员工会感受到更大的工作压力，产生不安全行为的可能性也会增大。因此提出假设：

H_1：不当督导对矿工不安全行为具有正向的预测作用。

二、相对剥夺感的中介作用

相对剥夺感（Relative Deprivation，RD）是指个体或群体通过与参照对象比较而感知到自身处于不利地位，进而体验到愤怒和不满等负性情绪的一种主观认知和情绪体验。根据社会交换理论，员工为组织创造价值的同时也希望组织给予公平的回馈（Gouldner A W，1960）。当组织能够用积极的方式回馈员工、肯定员工的价值时，组织与员工之间就会形成正向循环状态。相反，习惯于不当督导的管理者，更偏向于采取专制、独裁风格，不尊重员工，侵犯员工隐私，甚至不重视员工的工作成果，这不仅会使员工怀疑自身的能力和价值，还会使得员工认为自己受到了不公平对待（席猛，2015），从而产生相对剥夺感。此外根据公平理论，员工为应对不公平感或相对剥夺感，会采取行动来“报复”组织，以获得个人付出与回报的平衡感受。张倩、李恩平（2019）研究发现，组织公平与矿工不安全行为呈显著负向相关关系，员工越感受到组织的不公平感，越容易表现出不安全行为。相对剥夺感是衡量组织公平的重要评价指标，也是组织环境与员工工作行为的重要纽带，不当督导属于组织环境因素，不安全行为属于工作行为因素，相对剥夺感则是对组织环境因素的认知和情绪反应，相对剥夺感受不当督导等组织情境因素的影响，并会对不安全行为意向产生影响。因此，相对剥夺感中介于不当督导与不安全行为之间的关系。由于员工个体相对剥夺感分为认知相对剥夺感和情感相对剥夺感，认知相对剥夺感是情感相对剥夺感的重要基础。因此提出假设：

H_2：认知相对剥夺感和情感相对剥夺感在不当督导与不安全行为的关系间起链式中介作用。

三、组织内信任的调节作用

组织内信任是员工对他人行为的积极心理预期，是对领导、同事及组织可信因素的整体评价（Nyhan Ronald C et al.，1997）。郑晓涛（2007）认为，组织内信任可以分为员工对上级的信任和对组织的信任两个维度。对上级的信任指员工对上级的意图和行为抱有积极的期望；对组织的信任指员工对组织的决策、行动以及组织的治理机制、激励机制等所形成的一种整体的信任知觉。信任关系具有开放性和兼容性（严进、付琛、郑玫，2011），组织内信任能够促进员工的有效沟通，化解员工之间的各种矛盾和冲突，接纳员工彼此的做事风格和脾气秉性

（王明泉，2013；卿涛、凌玲、闫燕，2012）。鉴于此，面对领导的言语或非言语的不当对待时，员工在一个彼此信任的组织内会倾向于与领导积极沟通，并反馈领导的这些行为对其心理和工作造成的影响，这种积极互动有利于上级认识到自己的行为偏差，并对不当的督导行为进行校正，此时员工感知到的相对剥夺感就会降低。此外，人际信任的调节效应模型认为，信任本身并不对结果变量产生直接影响或导致特定的结果，但是信任会调节其他重要的预测因素对结果变量的影响（Kurt T Dirks，Donald L Ferrin，2001）。因此可以推断，组织内信任对不当督导和员工相对剥夺感。据此提出假设：

H_3：组织内信任在不当督导与员工相对剥夺感之间具有调节作用。组织内信任越高，不当督导与相对剥夺感之间的正向关系越弱；反之，组织内信任越低，不当督导与相对剥夺感的正向关系越强。

第二节　数据来源及统计分析方法

一、变量的测量

认知相对剥夺感量表和情感相对剥夺感量表。采用本书编制的企业员工个体相对剥夺感量表，在本书删除了原量表中区分度稍差的第 6 个项目和第 12 个项目，最终保留认知相对剥夺感 5 个项目、情感相对剥夺感 5 个项目，认知相对剥夺感量表和情感相对剥夺感量表的 Cronbach's α 值分别为 0.880 和 0.835。

组织内信任量表。采用郑晓涛 2007 年编制的组织内信任量表，该量表改编自 Romano（2003），包括“我的上级会保护我的利益”“我信任我的组织”等 6 个题项，量表的 Cronbach's α 值为 0.83。

不当督导量表。不当督导的问卷采用 Tepper（2000）开发的辱虐管理行为量表，该量表包括“我的上级对我粗鲁”“我的上级在别人面前是贬低我”等 15 个题项。该量表的 Cronbach's α 为 0.97。以上变量的量表均采用 6 点式李克特量表方法计分。

不安全行为的测量。主要由两部分组成，一部分是调查对象的违章记录数据，另一部分由调查对象填报在调查期未被查处记录的违章行为。研究者对两部分数据进行了汇总。统计结果表明，调查对象报告的未被记录的违章行为与其被记录的违章数据高度相关。表明用两部分数据来度量员工的不安全行为，更为准确客观。

控制变量。根据相关研究，与员工不安全行为有显著关系的人口统计学变量主要有学历、婚姻状况、用工性质、饮酒状况等，本书将这些变量作为控制变量进行数据收集和统计分析。

二、样本及构成

研究选取福建、河北两个地区的工矿企业和建筑企业员工，采用简单随机抽样方式，发放调查问卷800份，最终回收有效问卷619份，有效样本率为78%。由于行业从业者以男性为主，且研究的因变量是不安全行为意向，因此研究样本主要为男性，其中：高中、中专、中技及以下学历254人（占比41.0%），大专学历130人（占比21.0%），本科229人（占比37.0%），研究生及以上学历6人（占比1.0%）；已婚514人（占比83.0%），未婚或有婚史，现单身105人（占比17%）。年龄、工资收入、岗位性质、用工性质等相关人口统计学特征分布构成见表7.1。

表7.1　样本人口统计情况表（$N=619$）

变量	类别	人数	比例（%）	变量	类别	人数	比例（%）
年龄	≤25岁	45	7.3	婚姻状况	已婚	514	83.0
	26~30岁	92	14.9		未婚	84	13.6
	36~40岁	174	28.1		有婚史，现单身	21	3.4
	41~50岁	143	23.1	岗位性质	一线作业人员	251	40.5
	51~55岁	123	19.9		辅助作业岗位	165	26.7
	≥56岁	42	6.8		后勤保障岗位	29	4.7
实发工资	≤3000元	59	9.5		技术支持岗位	47	7.6
	3001~5000元	258	41.7		管理岗位	110	17.8
	5001~7000元	277	44.7		其他	17	2.7
	≥7001元	25	4.1	用工性质	无固定期合同	111	17.9
最高学历	初中及以下	70	11.3		有固定期合同	416	67.2
	高中、中专、中技	184	29.7		集体工	13	2.1
	大专	130	21.0		外委（承包）	3	0.5
	本科	229	37.0		劳务派遣	57	9.2
	研究生及以上	6	1.0		其他	19	3.1

三、统计分析方法

采用 AMOS22 对数据的同源性偏差进行检验，采用 SPSS22 对数据进行相关分析、可靠性度量和回归分析，运用 Process3.0 宏程序对中介效应和有调节的中介效应进行检验。

第三节　数据分析与模型检验

一、效度分析

（一）KMO 和 Bartlett 球形检验

研究对不当督导、相对剥夺感、组织内信任进行 KMO 测度和 Bartlett 球形检验，结果见表 7.2。

表 7.2　变量的 KMO 和 Bartlett 球形检验分析

变量	KMO 值检验	Bartlett 球形检验		
		近似卡方	df	Sig.
相对剥夺感	0.922	16792.858	66	0.000
组织内信任	0.903	3033.302	15	0.000
不当督导	0.953	5861.854	105	0.000

从表 7.2 可以看出，员工相对剥夺感、组织内信任和不当督导的 KMO 值均大于0.80，表明数据适合做因子分析；同时检验出员工相对剥夺感、组织内信任和不当督导三个变量的卡方值显著性概率为 $0.000 < 0.001$，说明各变量的项目间存在显著相关性，可进行后续的因子分析。

（二）公因子方差和因子分析

不当督导的因子分析。不当督导的 15 个项目聚合为一个因子，因子特征值为 8.355，累计载荷值为 55.697%。各个项目的载荷和公因子方差值见表 7.3。

表 7.3　不当督导的因子分析

项目	公因子方差	元件
		1
不当督导 1	0.540	0.735
不当督导 2	0.564	0.751
不当督导 3	0.628	0.792
不当督导 4	0.613	0.783
不当督导 5	0.425	0.652
不当督导 6	0.414	0.644
不当督导 7	0.542	0.736
不当督导 8	0.402	0.634
不当督导 9	0.603	0.776
不当督导 10	0.586	0.766
不当督导 11	0.630	0.794
不当督导 12	0.640	0.800
不当督导 13	0.468	0.684
不当督导 14	0.642	0.801
不当督导 15	0.656	0.810
特征值		8.355
解释方差		55.697%

注：提取方法为主体元件分析法。

相对剥夺感的因子分析。相对剥夺感采用本书开发的 10 个项目的量表，因子分析聚合为两个因子，其中情感相对剥夺感的因子特征值为 4.955，解释方差为 31.155%；认知相对剥夺感的因子特征值为 1.230，解释方差为 30.703%，两个因子累计解释方差百分比为 61.859%。各个项目的载荷和公因子方差值见表 7.4。

表 7.4　相对剥夺感因子分析结果

量表项目	公因子方差	因子提取	
		1	2
认知剥夺 1	0.706	0.259	0.799
认知剥夺 2	0.677	0.213	0.795

续表

量表项目	公因子方差	因子提取	
		1	2
认知剥夺3	0.616	0.124	0.775
认知剥夺4	0.680	0.446	0.693
认知剥夺5	0.399	0.252	0.579
情感剥夺1	0.690	0.821	0.124
情感剥夺2	0.540	0.717	0.162
情感剥夺3	0.589	0.688	0.341
情感剥夺4	0.621	0.738	0.277
情感剥夺5	0.668	0.721	0.386
特征值		1.230	4.955
解释方差	累计：61.859%	30.703%	31.155%

注：提取方法为主体元件分析；旋转方法为具有 Kaiser 正规化的最大变异法。

组织内信任的因子分析。组织内信任聚合为一个因子，因子特征值为4.542，累计解释方差百分比为75.694%。各个项目的载荷和公因子方差值见表7.5。

表7.5　组织内信任因子分析

项目	公因子方差	元件
		1
组织内信任1	0.694	0.833
组织内信任2	0.768	0.876
组织内信任3	0.749	0.865
组织内信任4	0.788	0.888
组织内信任5	0.786	0.887
组织内信任6	0.756	0.870

注：提取方法为主体元件分析。

（三）同源偏差检验

为检验不当督导、认知相对剥夺感、情感相对剥夺感和组织内信任4个潜变量数据的同源性偏差问题，研究采用了四因子模型和备择因子模型进行对比分析。其中，备择三因子模型将认知相对剥夺感和情感相对剥夺感进行合并；备择二因子模型将认知相对剥夺感、情感相对剥夺感和组织内信任进行合并；备择单因子模型将所测量所有潜变量合并。表7.6是四个模型的验证性因子分析（CFA）的拟合结果。数据表明，假设四因子模型的 χ^2（619） = 1649.336，χ^2/df = 3.854，P < 0.01，RMSEA = 0.068，SRMR = 0.05，CFI = 0.900，TFI = 0.900。该模型每个潜变量对应题项的平均标准化因子载荷，除认知相对剥夺感的题项3和题项5、情感相对剥夺感的题项2，以及不当督导的题项5、题项6和题项8在0.5~0.7外，其他的各个题项均在0.7以上，表明研究工具及其数据具有良好的结构效度。对四因子模型进行组合信度（AVE）和平均变异方差的计算，结果表明变量的AVE在0.84~0.89，且各因子间的相关系数均小于对角线上的AVE值，表明量表具有良好的收敛效度和区分效度。相比于其他备择模型，四因子模型的拟合指数较好，且假设四因子模型和备择模型的 $\Delta\chi^2$ 显著增加，差异显著，表明本书中所测量的四个变量具有良好的区分效度。

表7.6　测量变量的区分效度

模型	χ^2	df	χ^2/df	RMSEA	SRMR	CFI	TFI
假设四因子模型	1649.336	428	3.854	0.068	0.05	0.900	0.900
备择三因子模型	1948.479	431	4.521	0.075	0.17	0.875	0.876
备择二因子模型	3980.771	433	9.193	0.115	0.19	0.708	0.710
备择单因子模型	6511.667	434	15.004	0.150	0.23	0.50	0.503

二、变量的相关分析和信度分析

不当督导、认知相对剥夺感、情感剥夺感、组织内信任和不安全行为的相关分析如表7.7所示。由于不安全行为部分样本存在缺失值，因此本书的样本量少于前文研究的样本量，共有619个样本用于相关分析。相关分析表明，不当督导、认知相对剥夺感与情感相对剥夺感和不安全行为存在显著正相关（P < 0.01）；组织内信任和不安全行为存在显著负相关（P < 0.01）。

本书采用Cronbach's α值评价各量表的信度。分析表明，不当督导的量表的α值0.941，认知相对剥夺感量表的α值0.836，情感相对剥夺感量表的α值为0.842，组织内信任的α值为0.935。此外，不安全行为为员工自陈和记录的不安全行为的汇总值，自陈数值和记录的违章行为相关值为0.74，表明不安全行为的测量具有更好的效度。

表 7.7 变量间的相关系数（*N* = 619）

变量	1	2	3	4	5	6	7	8
1. 最高学历								
2. 婚姻状况	-0.044							
3. 用工性质	-0.188 **	0.119 **						
4. 饮酒状况	0.016	0.106 **	0.163 **					
5. 不当督导	-0.072	0.076	0.058	0.171 **	(**0.941**)			
6. 认知相对剥夺感	0.095 *	0.012	-0.119 **	-0.012	0.165 **	(**0.836**)		
7. 情感相对剥夺感	-0.010	0.054	-0.045	0.097 *	0.366 **	0.621 **	(**0.842**)	
8. 组织内信任	0.076	-0.043	-0.036	-0.005	-0.360 **	-0.155 **	-0.341 **	(**0.935**)
9. 不安全行为	-0.130 **	0.026	0.008	0.077	0.386 **	0.249 **	0.451 **	-0.355 **

注：** P<0.01，* P<0.05。

三、认知剥夺感和情感剥夺感的链式中介效应检验

以不安全行为为因变量初次模型的分析结果表明，认知相对剥夺感对不安全行为的影响路径系数较低，模型的拟合数据不够理想。删除该路径后进行再次分析，模型的拟合值有较大改善。路径系数方面，不当督导对不安全行为的因素负荷量为0.25，在0.01统计水平上关系显著；不当督导对认知相对剥夺感的因素负荷量为0.19，在0.01统计水平上关系显著；不当督导对情感相对剥夺感的因素负荷量为0.28，在0.01统计水平上关系显著；不当督导对在不安全行为的因素负荷载为0.25，认知相对剥夺感对情感相对剥夺感的因素负荷量为0.69，情感相对剥夺感对不安全行为的因素负荷量为0.37，均在0.01统计水平上关系显著，表明不当督导、认知相对剥夺感、情感相对剥夺感和不安全行为间关系的中介效应假设得到验证。整体分析结果表明，认知相对剥夺感和情感相对剥夺感在不当督导与不安全行为的关系之间起链式中介作用。

模型未标准化回归系数分析表明，不当督导、认知相对剥夺感、情感相对剥夺感等潜变量和不安全行为等变量之间P值均小于0.001，不当督导、认知相对剥夺感、情感相对剥夺感等潜变量与其各项目之间的P值也均小于0.001，表明模型各因子之间、模型因子与相关项目之间具有显著性影响。模型中所有误差方差均为正值，标准化参数估计值系数均低于0.95，表明模型通过“违反估计”检验（见图7.1）。

模型数据的偏度系数<3、峰度系数<8，通过正态性检验。不当督导、认知

相对剥夺感、情感相对剥夺感、不安全行为的关系模型的参数摘要见表7.8和7.9。各个潜变量的信度系数与误差值见表7.10。

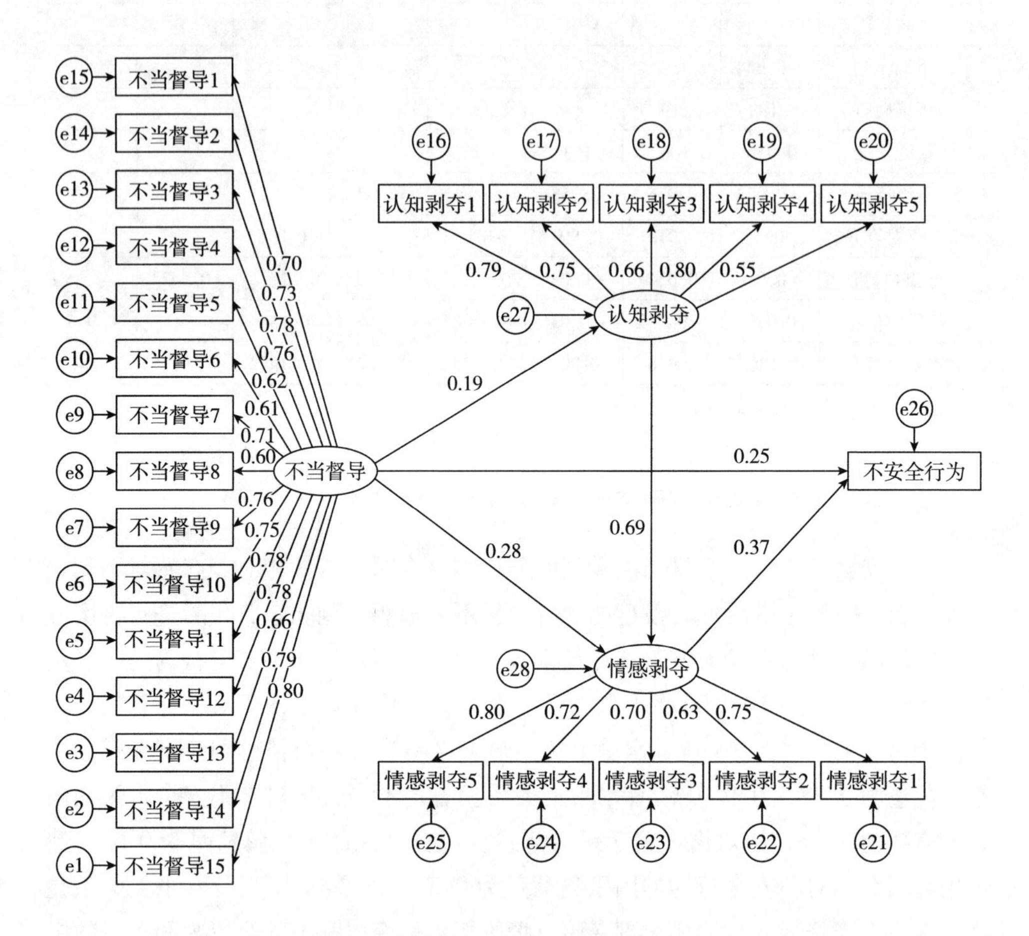

图7.1　不当督导、相对剥夺感与不安全行为的关系验证模型

表7.8　不当督导、认知相对剥夺感、情感相对剥夺感、不安全行为关系模型估计参数摘要表1

参数	非标准化估计值	标准误	T值	R^2	标准化参数估计值
λx11（不当督导15←不当督导）	1.000			0.634	0.796
λx21（不当督导14←不当督导）	0.880	0.040	22.049	0.618	0.786
λx31（不当督导13←不当督导）	0.820	0.046	17.755	0.440	0.663
λx41（不当督导12←不当督导）	0.885	0.041	21.778	0.605	0.778

续表

参数	非标准化估计值	标准误	T值	R^2	标准化参数估计值
λx51（不当督导11←不当督导）	0.851	0.039	21.869	0.610	0.781
λx61（不当督导10←不当督导）	0.989	0.047	20.836	0.566	0.752
λx71（不当督导9←不当督导）	1.160	0.055	21.024	0.575	0.758
λx81（不当督导8←不当督导）	0.819	0.052	15.661	0.355	0.596
λx91（不当督导7←不当督导）	0.936	0.048	19.385	0.506	0.711
λx101（不当督导6←不当督导）	0.872	0.054	16.081	0.372	0.610
λx111（不当督导5←不当督导）	0.837	0.051	16.367	0.384	0.620
λx121（不当督导4←不当督导）	0.939	0.044	21.121	0.578	0.760
λx131（不当督导3←不当督导）	1.058	0.048	21.885	0.610	0.781
λx141（不当督导2←不当督导）	0.945	0.047	19.978	0.530	0.728
λx151（不当督导1←不当督导）	0.861	0.045	19.167	0.497	0.705
λy11（认知剥夺1←认知剥夺）	1.000			0.626	0.791
λy21（认知剥夺2←认知剥夺）	0.931	0.05	18.897	0.560	0.748
λy31（认知剥夺3←认知剥夺）	0.830	0.05	16.464	0.437	0.661
λy41（认知剥夺4←认知剥夺）	1.056	0.05	20.287	0.637	0.798
λy51（认知剥夺5←认知剥夺）	0.680	0.05	13.514	0.306	0.553
λy12（情感剥夺1←情感剥夺）	1.000			0.552	0.743
λy22（情感剥夺2←情感剥夺）	0.913	0.06	14.888	0.392	0.626
λy32（情感剥夺3←情感剥夺）	1.041	0.06	16.750	0.491	0.701
λy42（情感剥夺4←情感剥夺）	1.094	0.06	17.219	0.518	0.720
λy52（情感剥夺5←情感剥夺）	1.148	0.06	19.022	0.632	0.795
γ1（认知剥夺←不当督导）	0.328	0.08	4.229	0.036	0.189
γ2（情感剥夺←不当督导）	0.408	0.05	7.813	0.078	0.279
γ3（情感剥夺←认知剥夺）	0.587	0.04	14.525	0.487	0.698
β1（不安全行为←认知剥夺）	-0.152	0.07	-2.136	0.023	-0.151
β2（不安全行为←情感剥夺）	0.609	0.10	6.412	0.261	0.511
β3（不安全行为←不当督导）	0.383	0.08	5.126	0.048	0.22

表 7.9　不当督导、认知相对剥夺感、情感相对剥夺感、不安全行为关系模型估计参数摘要表 2

参数	非标准化估计值	标准误	T 值
不当督导	0.427	0.036	11.810
e27	1.247	0.112	11.160
e28	0.341	0.041	8.333
e1	0.247	0.016	15.934
e2	0.205	0.013	16.062
e3	0.366	0.022	16.852
e4	0.218	0.014	16.137
e5	0.198	0.012	16.111
e6	0.320	0.020	16.366
e7	0.427	0.026	16.324
e8	0.520	0.030	17.093
e9	0.366	0.022	16.643
e10	0.549	0.032	17.068
e11	0.481	0.028	17.010
e12	0.275	0.017	16.301
e13	0.305	0.019	16.095
e14	0.338	0.020	16.539
e15	0.321	0.019	16.680
e16	0.772	0.059	13.173
e17	0.883	0.062	14.257
e18	1.148	0.074	15.609
e19	0.825	0.064	12.987
e20	1.353	0.082	16.495
e21	0.735	0.051	14.443
e22	1.181	0.074	15.979
e23	1.023	0.067	15.189
e24	1.013	0.068	14.908
e25	0.697	0.053	13.250
e26	0.939	0.055	17.072

表 7.10　模型的潜变量信度系数与误差

测量指标	因素负荷量	信度系数	测量误差	组合信度	平均变异量抽取值
不当督导 15	0.796	0.634	0.366		
不当督导 14	0.786	0.618	0.382		
不当督导 13	0.663	0.440	0.560		
不当督导 12	0.778	0.605	0.395		
不当督导 11	0.781	0.610	0.390		
不当督导 10	0.752	0.566	0.434		
不当督导 9	0.758	0.575	0.425		
不当督导 8	0.596	0.355	0.645		
不当督导 7	0.711	0.506	0.494		
不当督导 6	0.610	0.372	0.628		
不当督导 5	0.620	0.384	0.616		
不当督导 4	0.760	0.578	0.422		
不当督导 3	0.781	0.610	0.390		
不当督导 2	0.728	0.530	0.470		
不当督导 1	0.705	0.497	0.503		
				0.9427	0.5252
认知剥夺 1	0.791	0.626	0.374		
认知剥夺 2	0.748	0.560	0.440		
认知剥夺 3	0.661	0.437	0.563		
认知剥夺 4	0.798	0.637	0.363		
认知剥夺 5	0.553	0.306	0.694		
				0.8381	0.5129
情感剥夺 1	0.743	0.552	0.448		
情感剥夺 2	0.626	0.392	0.608		
情感剥夺 3	0.701	0.491	0.509		
情感剥夺 4	0.720	0.518	0.482		
情感剥夺 5	0.795	0.632	0.368		
				0.8419	0.5172

最后分析模型的各项拟合指标，结果表明，模型的 CMIN 值为 1201.305，DF 为 294，卡方自由度比虽大于 3 的参考值，但研究中的样本为 619 份，样本量较

大会导致该值较高，因此该数值仅作为模型拟合度的参考指标。而模型的其他拟合指数值均较好，GFI 为 0.907，AGFI 为 0.891，NFI 为 0.872，CFI 为 0.899，均大于或近似于 0.9，符合基本的判断参照值，模型的 RMSEA 值为 0.070，小于 0.080，表明数据与模型的整体拟合度良好。

四、组织内信任的调节效应检验

为检验组织内信任对不当督导和相对剥夺感的调节作用，以不当督导为自变量，以认知剥夺相对剥夺感为中介变量，以情感相对剥夺感为因变量，以组织内信任为调节变量，构建假设模型，如图 7.2 所示。

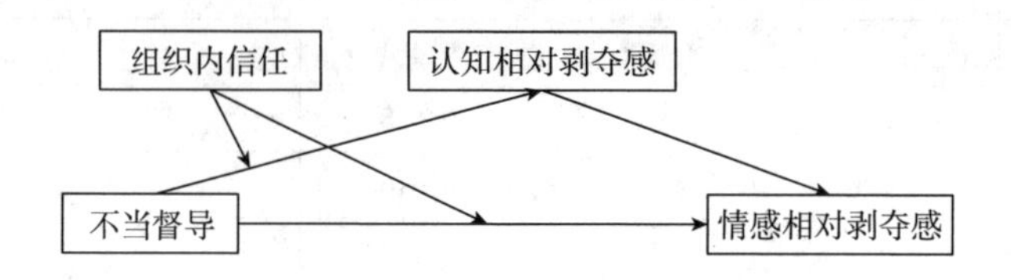

图 7.2　组织内信任对不当督导和相对剥夺感的调节效应模型

采用 SPSS Process 置信区间宏程序进行中介效应验证的 Bootstrapping 分析，结果见表 7.11。不当督导对情感相对剥夺感的直接效应为 0.2546，标准误差为 0.0355，置信区间为［0.1850，0.3243］，认知相对剥夺感通过情感相对剥夺感影响不安全行为的中介效应为 0.0842，标准误差为 0.0255，置信区间为［0.0382，0.1394］，直接效应、间接效应的置信区间均不包含 0，表明情感相对剥夺感在认知相对剥夺感与不安全行为意向间的中介效应显著。

表 7.11　情感相对剥夺感中介效应的 Bootstrapping 分析结果

因变量	效应类别	效应大小	标准误	95% 置信区间	
				下限	上限
情感相对剥夺感	间接效应	0.0842	0.0255	0.0382	0.1394
	直接效应	0.2546	0.0355	0.1850	0.3243

五、调节效应和有调节的中介模型检验

使用 SPSS 的 Process 宏程序进一步验证组织内信任在不当督导、认知相对剥夺感和情感相对剥夺感作用路径中的调节效应，以及整体研究模型的有调节的中

介效应模型。表7.12为Process宏程序运算得到在组织内信任在不同取值下的间接效应。

表7.12　被调节的中介效应的Bootstrapping分析

<table>
<tr><th rowspan="3">因变量</th><th colspan="5">条件间接效应</th><th colspan="4">有调节的中介效应</th></tr>
<tr><th rowspan="2">调节变量</th><th rowspan="2">效应</th><th rowspan="2">标准误</th><th colspan="2">95%置信区间</th><th rowspan="2">INDEX</th><th rowspan="2">标准误</th><th colspan="2">95%置信区间</th></tr>
<tr><th>下限</th><th>上限</th><th>下限</th><th>上限</th></tr>
<tr><td rowspan="2">情感相对剥夺感</td><td>高值</td><td>0.1924</td><td>0.0318</td><td>0.1299</td><td>0.2550</td><td rowspan="4">0.0204</td><td rowspan="4">0.0190</td><td rowspan="4">-0.0163</td><td rowspan="4">0.0596</td></tr>
<tr><td>低值</td><td>0.3064</td><td>0.0481</td><td>0.2119</td><td>0.4010</td></tr>
<tr><td rowspan="2">认知相对剥夺感</td><td>高值</td><td>0.0642</td><td>0.0242</td><td>0.0186</td><td>0.1144</td></tr>
<tr><td>低值</td><td>0.1008</td><td>0.0350</td><td>0.0382</td><td>0.1760</td></tr>
</table>

从表7.12可以看出，当组织内信任较高时，不当督导对情感相对剥夺的效应为0.1924，置信区间为［0.1299，0.2550］；组织内信任较低时，不当督导对情感相对剥夺的效应为0.3064，置信区间为［0.2119，0.4010］。两个置信区间均不包含0，表明不论组织内信任水平取高值还是低值，不当督导对情感相对剥夺感的效应均是显著的，且组织内信任的调节效应显著。此外，当组织内信任较高时，不当督导对认知相对剥夺的效应为0.0642，置信区间为［0.0186，0.1144］；组织内信任较低时，不当督导对情感相对剥夺的效应为0.1008，置信区间为［0.0382，0.1760］。两个置信区间也均不包含0，表明不论组织内信任水平取高值还是低值，不当督导对认知相对剥夺感的效应均同样显著，且组织内信任的调节效应显著。

表7.12右侧的数据表明，组织内信任通过情感不当督导对认知相对剥夺感、不当督导对情感相对剥夺感的间接关系存在调节作用的判定指标是0.0204，置信区间为［-0.0163，0.0596］，置信区间包含0，表明组织内信任通过情感不当督导对认知相对剥夺感、不当督导对情感相对剥夺感的间接关系存在调节效应模型不显著。

第四节　本章小结

为检验工矿企业常见的不当督导方式对员工相对剥夺感和不安全行为的影

响，以及员工组织内信任对不当督导和相对剥夺感的调节效应。基于情景事件理论，构建了不当督导、组织内信任、认知相对剥夺感、情感相对剥夺感和不安全行为关系的假设模型。基于619份有效数据的分析，表明不当督导对不安全行为的直接影响显著，同时通过认知相对剥夺感和情感相对剥夺感的中介作用，对不安全行为有间接的显著影响。采用 Process 插件和 Bootstrapping 法检验组织内信任对认知相对剥夺感和情感相对剥夺感的调节效应，结果表明组织内信任对不当督导和认知相对剥夺感及情感相对剥夺感的关系均存在显著的调节效应，其中组织内信任对不当督导和情感相对剥夺感的调节效应更为显著。

第四部分

基于事故致因理论的员工行为安全问题研究

第八章　个体特征因素对不安全行为意向及其行为的影响研究

本章的研究目的是基于访谈结果和事故致因理论，分析尚存在争议的一些个体特征变量对不安全行为意向和不安全行为的影响。同时采用多自变量、多因变量析因方差分析方法，分析人口统计学变量与员工不安全行为意向及不安全行为的关系。

事故致因理论表明，个体特征因素是导致不安全行为的重要原因。如 Heinrich 认为不安全行为产生的四个主要原因中就有三个与个体特征因素相关（不正确的态度、知识缺乏或操作技能不熟练、身体状况不佳等）（曹庆仁、李爽、宋学锋，2007）。事故频发倾向理论认为，事故频发倾向者的存在是导致工业事故的主要原因；事故遭遇倾向理论则认为，工业事故的发生与个人因素有关，更与其所处的生产作业条件相关；事故因果连锁论（海因里希，1936）认为事故因果连锁过程分为遗传及社会环境、人的缺点、人的不安全行为与物的不安全状态、事故和伤亡五个因素；轨迹交叉理论认为生产操作人员和机械设备的危险状态是事故的原因。

然而，关于不安全行为的个体特征影响变量的研究还不尽一致，而且新的预测变量不断被引入和验证。如田水承等研究发现工作压力能够预测不安全行为的发生（田水承、郭彬彬、李树砖，2011）；李乃文、牛莉霞（2010）研究了工作倦怠与员工不安全行为的关系。本章拟对已往研究中较少考虑的一些变量进行研究，分析这些变量对不安全行为及不安全行为意向的影响，如自我效能、外控型人格特质、事故体验等；同时，研究考察一些已往研究中对不安全行为影响存在争议的变量，如工作满意度、家庭安全劝导、安全知识等。此外一些人口统计学变量与不安全行为意向及不安全行为关系的研究结论还不一致，因此本章还拟对这些人口统计学变量与不安全行为意向和不安全行为的关系进行验证分析。

第一节　个体特征因素与不安全行为意向及不安全行为的关系研究

一、理论分析与相关假设

基于研究条件，有关个体特征因素主要考虑自我效能、外控型人格倾向、事故体验、工作满意度、安全知识、家庭安全劝导等变量。

（1）自我效能。研究表明自我效能与个体的一些行为显著相关，如老年高血压患者与自我行为管理（$P<0.01$）（张琳等，2011）、大学生自我效能与锻炼行为（$r=0.47$）（张河川、郭思智，2001）。同时有研究表明自我效能正向影响个体网购意向（郑宏明，2006）。然而，鲜见有关自我效能与员工的不安全行为意向及不安全行为的关系研究。基于其他领域的研究结论，形成假设：

H_{1a}：自我效能与不安全行为意向有显著关系。

H_{1b}：自我效能与不安全行为有显著关系。

（2）外控型人格特质。将人格特质分为外控型和内控型是心理学对人格分类的方式之一。一般认为，内控型人格特质的人将成功归因于内部因素，易激发个体的积极性和行动动机，促使个体更加努力；而外控型人格特质的人将成功归因于外部因素，易产生侥幸心理（Weiner B，1980）。因此，越是外控型人格特质的人，可能越容易将违章或不安全行为归因于环境和组织因素，而不是归因于个体自我约束，因而有可能发生更多的不安全行为。基于此，形成假设：

H_{2a}：外控型人格特质与不安全行为意向显著相关。

H_{2b}：外控型人格特质与不安全行为显著相关。

（3）事故体验。研究表明，有工伤经历的个体对安全的看法更积极（Sig. = 0.042），在对员工安全培训中，也常采用事故案例教学的方式来提高员工的安全意识。此外，通过访谈表明，员工同事或亲友发生的事故，也会对员工行为和安全意识产生影响（把事故案例学习、同事亲友事故等视为员工的间接事故体验，把员工工伤视为直接事故体验）。基于此形成假设：

H_{3a}：员工的事故体验与员工不安全行为意向显著相关。

H_{3b}：员工的事故体验与员工不安全行为显著相关。

（4）工作满意度。工作满意度与员工绩效及其他一些积极行为的关系已有许多研究。但有关员工满意度与员工负面行为，尤其是与员工不安全行为关系的研究相对较少。Paul（2007）通过对印度两个煤矿相关样本的研究表明，消极情绪、工作的不满意等因素会导致员工更多的冒险或不安全行为。据此，形成假设：

H_{4a}：员工工作满意度与员工不安全行为意向显著相关。

H_{4b}：员工工作满意度与员工不安全行为显著相关。

（5）安全知识。安全知识是导致事故的共性原因之一（傅贵、李宣东、李军，2005），但安全知识与不安全行为意向的关系尚缺乏实证性的研究，而且已往研究对安全知识的构成与测量差异较大。本书主要对安全规章制度、危险源及其他工作安全知识进行测量，而对安全知识有间接影响的工龄、学历等因素单独进行分析。因此假设：

H_{5a}：安全知识与员工不安全行为意向显著相关。

H_{5b}：安全知识与员工不安全行为显著相关。

（6）家庭安全劝导。家庭安全式教育可作为个体不安全行为的矫正手段之一（张磊、任刚、王卫杰，2010）。群体动力学认为，个体所处的家庭、群体等会对个体的行为决策产生重要影响。作者通过访谈也发现，对煤矿员工个体而言，除了所在班组外，家庭成员对员工的行为决策也有较大影响。因此假设：

H_{6a}：家庭安全劝导与员工不安全行为意向显著相关。

H_{6b}：家庭安全劝导与员工不安全行为显著相关。

此外，第三章已验证员工不安全行为意向对员工不安全行为有重要影响。为使模型更加完备，假设：

H_7：不安全行为意向与不安全行为正相关。

上述假设构成的假设结构模型如图 8.1 所示。

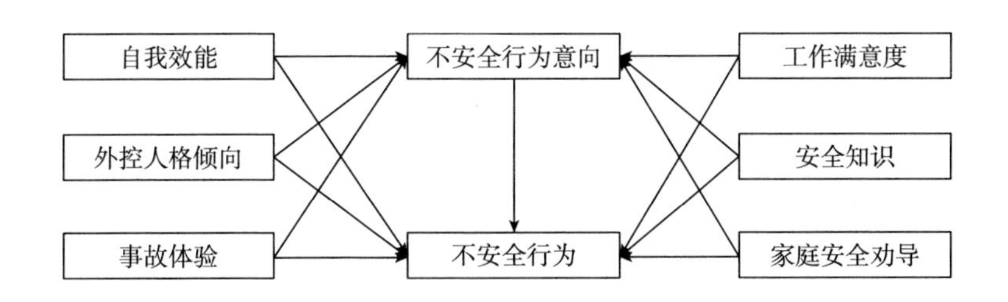

图 8.1　个体特征因素对不安全行为及其意向的关系假设

二、研究分析方法

研究首先采用 PASW 工具对量表质量进行相关信度和效度的检验。之后采用 AMOS 工具对变量间关系进行研究，具体采用的模型与方法为结构方程模型。

三、量表质量分析与验证

首先，对问卷调查数据进行 KMO 和 Bartlett 球形检验，具体结果见表 8.1。结果表明，KMO 值为 0.802，Bartlett 球形检验 Sig. =0.000 小于 0.005，说明适合进行因子分析。

表 8.1　KMO 和 Bartlett 球形检验

取样足够度的 Kaiser – Meyer – Olkin 度量 (Kaiser – Meyer – Olkin Measure of Sampling Adequacy)	0.802	
Bartlett 球形检验 (Bartlett's Test of Sphericity)	近似卡方（Appros. Chi – Square）	6856.270
	自由度（df）	253
	显著性（Sig.）	0.000

其次，进行项目公因子方差分析。各项目内容见表 8.2。从表中可以看出，各个项目的公因子方差在 0.508 以上，说明适合进行因子分析。

表 8.2　项目内容及公因子方差分析

项目内容	提取
A16. 我熟悉与我工作相关的各项安全管理规定	0.755
A17. 我熟悉与我工作相关的危险源及其控制措施	0.765
A18. 我注意学习与我工作有关的安全知识或规定	0.686
A27. 我的家人经常提醒我工作时要注意安全	0.566
A28. 我在意家人提醒我注意安全的意见	0.589
A29. 我的安全对我的家人很重要	0.666
A32. 工作时我常常犯困	0.508
A35. 我的工作单调、乏味	0.658
A36. 下班前的那段时间很漫长	0.596
A38. 如果还有其他选择，我会考虑换一个工作岗位	0.596

续表

项目内容	提取
A40. 我目睹或亲身经历过安全事故	0.750
A41. 有些安全事故的照片或资料给我深刻印象	0.642
A39. 亲人、同事或朋友的安全事故经历让我印象深刻	0.921
B1. 如果我努力，我就能解决我所遇到的问题和困难	0.542
B2. 不管什么事发生在我身上，我都能应付自如	0.665
B3. 我自信能有效地应付任何突发事件	0.605
B4. 如果我足够努力，我就能解决大多数难题	0.601
B5. 遇到一个难题时，我往往能找到好几个解决方法	0.588
B6. 有麻烦和问题的时候，我经常能想到一些应付的方法	0.511
B7. 我觉得，我经常对发生在我身上的事情感到无能为力	0.519
B8. 人一生中很多不幸，都与运气不好有一定关系	0.707
B9. 我觉得，我的人生和命运被那些有权势的人所左右	0.682
B10. 我觉得，许多事情的成败都会受到命运的影响	0.714

注：提取方法为主成分分析法。

再次，确定提取公因子个数。依据碎石检验原则和陡坡图，选取特征根大于1的因子共有6个，具体值见表8.3。6个因子累计解释总方差的64.50%，说明选择6个因子是比较理想的。

表8.3　解释的总方差

成分	初始特征值			提取平方和载入			旋转平方和载入		
	合计	方差百分比（%）	累计方差百分比（%）	合计	方差百分比（%）	累计方差百分比（%）	合计	方差百分比（%）	累计方差百分比（%）
1	4.956	21.548	21.548	4.956	21.548	21.548	3.433	14.928	14.928
2	3.745	16.281	37.829	3.745	16.281	37.829	2.648	11.515	26.443
3	2.167	9.423	47.251	2.167	9.423	47.251	2.275	9.890	36.333
4	1.697	7.379	54.631	1.697	7.379	54.631	2.251	9.785	46.118
5	1.157	5.029	59.660	1.157	5.029	59.660	2.211	9.611	55.729
6	1.112	4.836	64.495	1.112	4.836	64.495	2.016	8.766	64.495
7	0.793	3.447	67.942						
8	0.706	3.068	71.010						

续表

成分	初始特征值			提取平方和载入			旋转平方和载入		
	合计	方差百分比（%）	累计方差百分比（%）	合计	方差百分比（%）	累计方差百分比（%）	合计	方差百分比（%）	累计方差百分比（%）
9	0. 675	2. 936	73. 947						
10	0. 625	2. 717	76. 663						
11	0. 592	2. 575	79. 239						
12	0. 570	2. 480	81. 719						
13	0. 533	2. 317	84. 035						
14	0. 496	2. 155	86. 190						
15	0. 465	2. 021	88. 212						
16	0. 448	1. 948	90. 159						
17	0. 426	1. 854	92. 013						
18	0. 403	1. 753	93. 766						
19	0. 388	1. 687	95. 454						
20	0. 331	1. 438	96. 892						
21	0. 327	1. 423	98. 315						
22	0. 290	1. 261	99. 576						
23	0. 097	0. 424	100. 000						

注：提取方法为主成分分析法。

又次，进行项目旋转，确定各个因子的具体项目。对 23 个项目进行旋转，项目 A32 表现为双重负荷，删除项目 A32 后对剩余的 22 个项目进行旋转，旋转成分矩阵结果见表 8. 4（为便于观察，低于 0. 2 的未予显示）。

表 8. 4　旋转成分矩阵[a]

项目编号	成分					
	1	2	3	4	5	6
B4	0. 855					
B2	0. 855					
B5	0. 854					
B3	0. 848					
B6	0. 835					

续表

项目编号	成分					
	1	2	3	4	5	6
B1	0.829					
B10		0.837				
B8		0.797				
B9		0.763			0.286	
B7		0.645			0.331	
A40			0.882			
A41			0.860			
A39			0.852			
A17				0.858		
A16				0.842		
A18				0.744		0.325
A35		0.236			0.777	
A38					0.758	
A36		0.259			0.728	
A28						0.787
A29		-0.204				0.776
A27				0.344		0.666

注：提取方法为主成分分析法；旋转法为具有 Kaiser 标准化的正交旋转法；旋转在6次迭代后收敛。

最后，对量表进行信度、效度检验。从表8.4可以看出，6个因子项目中最低载荷值为0.645，最高值为0.882，说明量表效度较高。

对形成的6个因子分别进行信度检验，结果见表8.5，问卷整体的Cronbach's α值为0.693，自我效能、外控人格倾向、事故体验、工作满意度、安全知识、家庭安全劝导6个因子的Cronbach's α值分别是0.922、0.808、0.843、0.812、0.748和0.675，说明问卷的信度质量较高。

表8.5　六个因子的项目分布及信度系数

因子序号	因子名称	因子项目	项目数	Cronbach's α	Cronbach's α
F1	自我效能	B1、B2、B3、B4、B5、B6	6	0.922	0.693
F2	外控人格倾向	B7、B8、B9、B10	4	0.808	

续表

因子序号	因子名称	因子项目	项目数	Cronbach's α	Cronbach's α
F3	事故体验	A39、A40、A41	3	0.843	
F4	工作满意度	A16、A17、A18	3	0.812	
F5	安全知识	A35、A36、A38	3	0.748	
F6	家庭安全劝导	A27、A28、A29	3	0.675	

四、模型分析

（一）模型的初次分析

应用收集数据和假设模型通过 AMOS17.0 分析，以下潜在变量间的关系不显著，即外控人格倾向与不安全行为意向、事故体验与不安全行为、家庭安全劝导与不安全行为。删除 3 个变量关系再次进行 AMOS 分析，模型获得数据支持。

（二）模型的二次分析

个体特征因素与不安全行为意向及其行为的结构路径图及其标准化系数见图 8.2。

未标准化回归系数分析表明，潜在变量、潜在变量与相关测量指标间的回归系数的 t 值绝对值最小值为 2.463（大于 1.96），对应的 P 值最大值为 0.014（小于 0.05），说明模型潜在变量之间，潜在变量与相关测量指标之间具有显著性关系。误差方差在 0.37～0.88，不存在负的方差，标准化系数绝对值在 0.11～0.837，没有大于 0.95 的值存在，说明模型通过"违反估计"检验。

正态性检验结果表明，偏度系数绝对值最大值为 2.081，峰度系数绝对值最大值为 6.808，满足对偏度系数 <3、峰度系数 <8 的判断标准，通过正态性检验。

分别计算相关外生潜在变量的组合信度系数和平均变异量抽取值，计算结果见表 8.6。从表中可以看到，6 个潜在变量（第 7 个潜在变量"不安全行为意向"的信度值已在第三章分析，本章不再呈现）的组合信度值分别为 0.9219、0.8096、0.8588、0.7487、0.8153 和 0.6784，所有值均大于 0.6，说明模型内在质量佳；6 个潜在变量的平均变异量抽取值分别为 0.6632、0.5165、0.6698、0.4990、0.5955 和 0.4132，所有值均大于 0.4，说明模型聚敛性非常优秀。

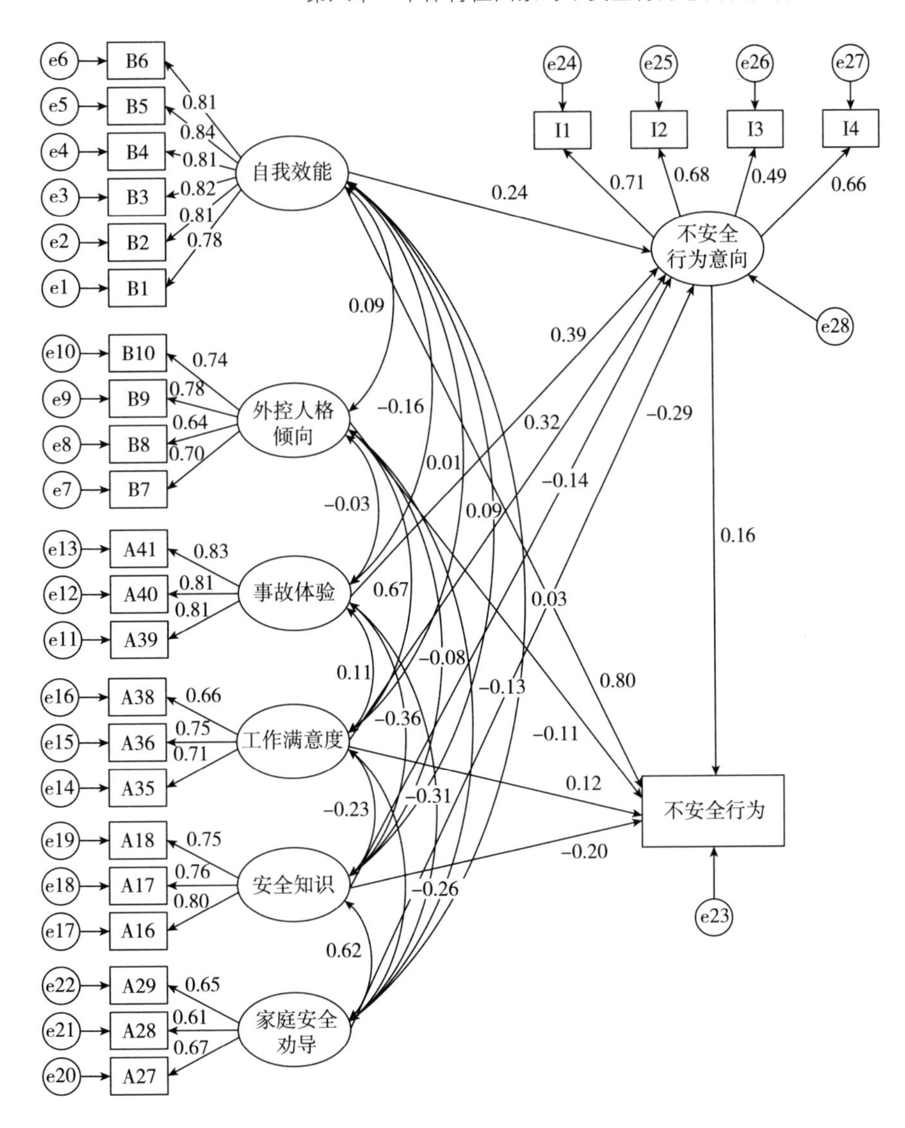

图 8.2　个体特征因素与不安全行为意向及其行为关系的 SEM

表 8.6　影响不安全行为的个体特征因素量表的信度与误差

测量指标	因素负荷量	信度系数	测量误差	组合信度	平均变异量抽取值
B1	0. 781	0. 610	0. 39		
B2	0. 814	0. 663	0. 337		
B3	0. 823	0. 677	0. 323		

续表

测量指标	因素负荷量	信度系数	测量误差	组合信度	平均变异量抽取值
B4	0.815	0.664	0.336		
B5	0.839	0.704	0.296		
B6	0.813	0.661	0.339		
				0.9219	0.6632
B7	0.645	0.416	0.584		
B8	0.704	0.496	0.504		
B9	0.78	0.608	0.392		
B10	0.739	0.546	0.454		
				0.8096	0.5165
A39	0.811	0.658	0.342		
A40	0.81	0.656	0.344		
A41	0.834	0.696	0.304		
				0.8588	0.6698
A35	0.71	0.504	0.496		
A36	0.75	0.563	0.437		
A38	0.656	0.430	0.57		
				0.7487	0.4990
A16	0.805	0.648	0.352		
A17	0.76	0.578	0.422		
A18	0.749	0.561	0.439		
				0.8153	0.5955
A27	0.666	0.444	0.556		
A28	0.607	0.368	0.632		
A29	0.654	0.428	0.572		
				0.6784	0.4132

（三）模型的修饰

通过查看模型修正指数表（见表8.7，仅显示M.I. >5且Par Change值大于

0.6 的)，按照模型修饰有关要求，修饰时优先考虑 M. I. 值和 Par Change 均较大的进行修饰。为使模型尽可能简效，本书选取 M. I. >20 且 Par Change 值大于 1.0 的为选择修饰的参照值。故若在误差 e2 与 e3、e2 与 e8、e7 与 e10、e10 与 e14、e25 与 e26 建立联系，模型拟合将会有大的改善。分析与之对应的项目内容，发现三个项目均为个体对不安全行为风险认知和态度方面的内容，三个项目之间可能受个体安全知识、经验等影响，存在其他的共同变异因子的可能，因此在三者间建立关系是可以接受的。此外 I2 和 I3 也可能存在另外共同的变异因子。据此，建立 e2 与 e8、e7 与 e10、e10 与 e14、e25 与 e26 之间的关系，对模型进行修饰，形成修饰后的模型，具体见图 8.3。

表 8.7　模型修正指数表

误差关系	修正指数（M. I.）	参数变化（Par Change）
e25 < - - - > e26	22.731	-0.077
e18 < - - - > e21	14.570	-0.076
e18 < - - - > e20	16.094	0.067
e12 < - - - > e24	21.024	-0.068
e10 < - - - > e22	7.249	-0.070
e10 < - - - > e14	26.784	-0.162
e9 < - - - > e10	7.858	0.114
e8 < - - - > e22	8.968	-0.081
e8 < - - - > e10	11.969	0.151
e8 < - - - > e9	24.565	-0.213
e7 < - - - > e14	14.874	0.126
e7 < - - - > e10	21.977	-0.207
e7 < - - - > e8	5.679	0.110
e3 < - - - > e8	9.826	0.062
e2 < - - - > e8	30.608	0.113
e2 < - - - > e3	62.936	0.068

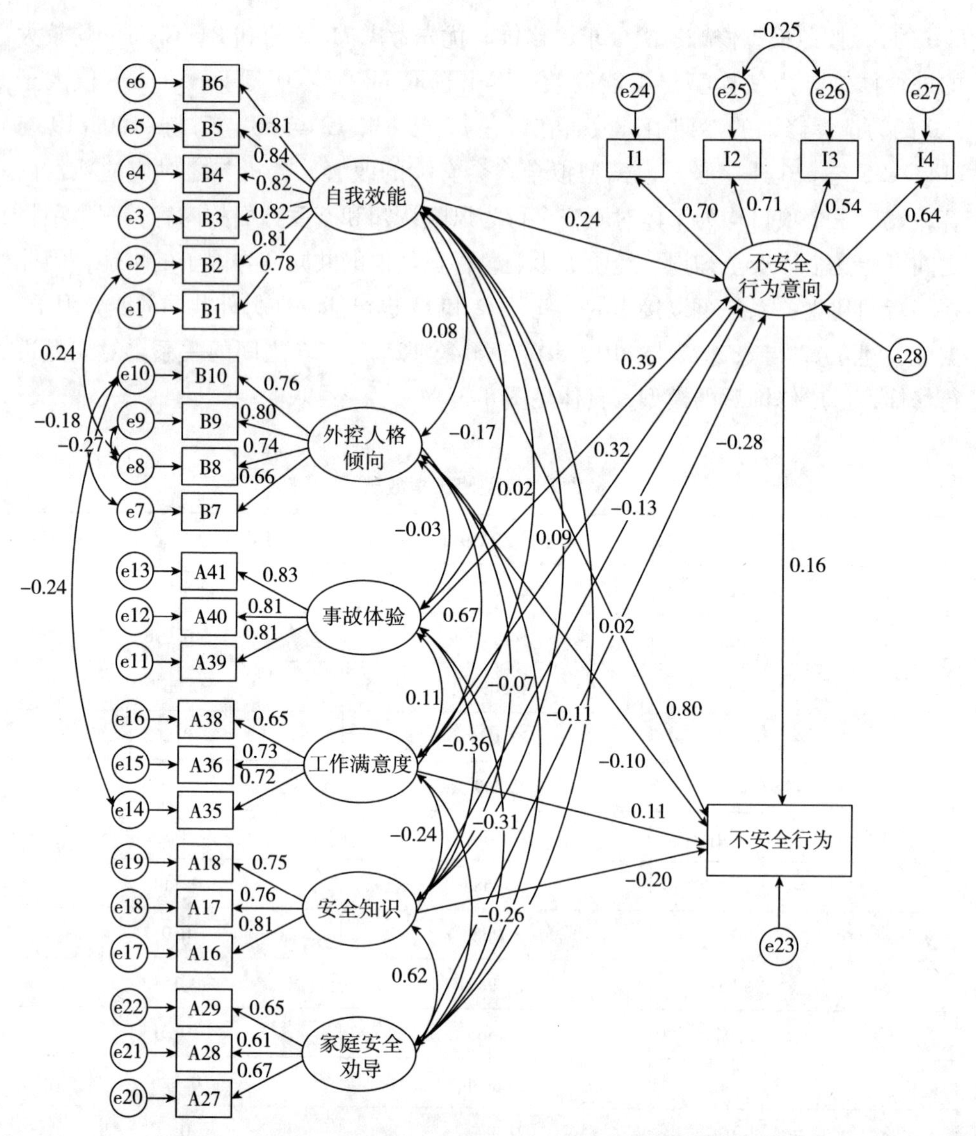

图 8.3　个体特征因素与不安全行为意向及其行为关系的 SEM

模型参数摘要见表 8.8。

表 8.8　个体特征因素与不安全行为意向及其行为关系模型的估计参数摘要

参数	非标准化估计值	标准误	T 值	P	R^2	标准化参考估计值
λ_{x11}（B1←自我效能）	1				0.610	0.781
λ_{x21}（B2←自我效能）	1.155	0.048	24.2	***	0.663	0.814

续表

参数	非标准化估计值	标准误	T 值	P	R^2	标准化参考估计值
λ_{x31}（B3←自我效能）	1.15	0.047	24.532	***	0.677	0.823
λ_{x41}（B4←自我效能）	1.021	0.042	24.243	***	0.664	0.815
λ_{x51}（B5←自我效能）	1.091	0.043	25.182	***	0.704	0.839
λ_{x61}（B6←自我效能）	1.04	0.043	24.163	***	0.661	0.813
λ_{x12}（B7←人格源）	1				0.416	0.645
λ_{x22}（B8←人格源）	1.144	0.075	15.262	***	0.496	0.704
λ_{x32}（B9←人格源）	1.285	0.079	16.3	***	0.608	0.78
λ_{x42}（B10←人格源）	1.181	0.075	15.775	***	0.546	0.739
λ_{x13}（A39←事故体验）	1				0.658	0.811
λ_{x23}（A40←事故体验）	1.434	0.063	22.619	***	0.656	0.81
λ_{x33}（A41←事故体验）	1.045	0.045	23.12	***	0.696	0.834
λ_{x14}（A35←工作满意度）	1				0.504	0.71
λ_{x24}（A36←工作满意度）	1.122	0.07	16.103	***	0.563	0.75
λ_{x34}（A38←工作满意度）	0.947	0.064	14.767	***	0.430	0.656
λ_{x15}（A16←安全知识）	1				0.648	0.805
λ_{x25}（A17←安全知识）	0.89	0.045	19.583	***	0.578	0.76
λ_{x35}（A18←安全知识）	0.762	0.039	19.357	***	0.561	0.749
λ_{x16}（A27←家庭劝导）	1				0.444	0.666
λ_{x26}（A28←家庭劝财）	1.063	0.088	12.087	***	0.368	0.607
λ_{x36}（A29←家庭劝导）	0.958	0.076	12.576	***	0.428	0.654
λ_{y11}（I1←不安全行为意向）	1				0.508	0.713
λ_{y21}（I2←不安全行为意向）	0.806	0.051	15.703	***	0.465	0.682
λ_{y31}（I3←不安全行为意向）	0.791	0.068	11.64	***	0.239	0.489
λ_{y41}（I4←不安全行为意向）	0.935	0.061	15.248	***	0.433	0.658
γ_1（不安全行为意向←自我效能）	0.243	0.038	6.465	***	0.057	0.239
γ_2（不安全行为意向←事故体验）	0.406	0.046	8.818	***	0.149	0.386
γ_3（不安全行为意向←工作满意度）	0.257	0.035	7.436		0.103	0.321
γ_4（不安全行为意向←安全知识）	-0.1	0.041	-2.463	*	0.019	-0.139
γ_4（不安全行为意向←家庭劝导）	-0.309	0.068	-4.557	***	0.082	-0.286
γ_5（不安全行为←自我效能）	1.368	0.056	24.336	***	0.637	0.798
γ_6（不安全行为←人格源）	-0.118	0.04	-2.948	**	0.012	-0.11
γ_8（不安全行为←工作满意度）	0.159	0.059	2.701	**	0.014	0.117
γ_9（不安全行为←安全知识）	-0.247	0.037	-6.715	***	0.042	-0.204
不安全行为←不安全行为意向	0.273	0.061	4.478	***	0.026	0.162

注：*** 表示 P<0.001，** 表示 P<0.01，* 表示 P<0.05。

模型修饰前和修饰后的相关拟合指标见表 8.9。从前文有关评价指标的说明可以判断，模型拟合度良好，修饰后的模型有较大的改进。

表 8.9　个体特征因素与不安全行为关系模型拟合度结果

指标分类	拟合指标	判断值	模型	模型修饰后
卡方检验	自由度（df）		300	296
	卡方值（χ^2）		905.490	795.381
	卡方值与自由度比值（χ^2/df）	小于 3	3.018	2.687
适合度指数	适配度指数（GFI）	大于 0.90	0.915	0.926
	调整后适配度指数（AGFI）	大于 0.90	0.893	0.905
	简效性拟合指数（PGFI）	大于 0.50	0.726	0.725
	正规拟合指数（NFI）	大于 0.90	0.907	0.918
替代性指数	比较拟合指数（CFI）	大于 0.90	0.936	0.947
	渐进残差均方和平方根（RMSEA）	小于 0.08	0.052	0.048
残差分析	标准化残差均方和平方根（SRMR）	小于 0.08	0.0412	0.0398

五、结果与讨论

个体特征因素与不安全行为意向及不安全行为的关系验证结果见图 8.4。实线部分为验证得到数据支持的关系，虚线间关系为未得到数据支持的关系。

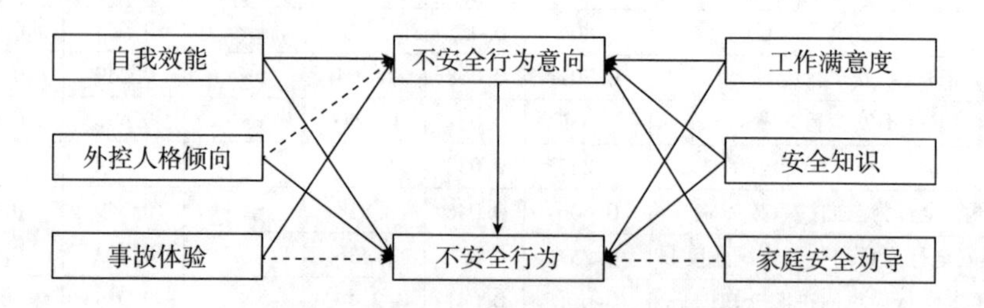

图 8.4　个体特征因素与不安全行为意向及其行为的关系

由图 8.4 可以看出，通过数据分析，对员工不安全行为意向有显著影响的主要个体特征变量有自我效能、事故体验、工作满意度、安全知识以及家庭安全劝导。对员工不安全行为意向影响不显著的主要个体特征变量为外控型人格倾向。

对员工不安全行为有显著影响的个体特征变量有自我效能、外控人格倾向、工作满意度和安全知识。对员工不安全行为的影响不显著的个体特征变量为事故体验和家庭安全劝导。

（一）自我效能对因变量的影响分析

自我效能对员工不安全行为意向有显著影响。这主要是因为：员工对自我的知识与技能过于自信，认为自己能及时化解或避免相关安全风险；或基于逞能心理或侥幸心理，有通过违章来展现自己能力、水平或经验的意愿；俗语“艺高人胆大”正是对这一关系的形象描述。

自我效能对员工不安全行为有显著影响。主要是因为：由于多次进行类似违章而未被发现或未导致事故，自认为自己能够避免被监管或避免事故，一定程度上强化了员工相关违章或不安全行为的习惯，表现为自我效能与不安全行为的显著关系。

已往研究表明，自我效能能够正面地促进员工的工作业绩。本书研究表明，较高的自我效能在一定程度下，也会导致不安全行为意向的增加，对员工工作业绩也有一定的负面效应。因此，在选拔具有较高自我效能员工或提升员工自我效能时，应密切关注员工在不安全行为意向及其行为方面的表现，必要时进行约束和干预。

（二）外控型人格倾向对因变量的影响分析

外控型人格倾向与不安全行为的意向关系不显著，但与员工不安全行为关系显著。研究表明，外控型人格倾向越强，越易受外在因素影响，组织与环境因素对外控人格倾向群体既可能发生正影响，也可能产生负影响，影响的方向取决于所处的环境特征。由于不安全行为在煤矿企业高发，因此外控型人格倾向明显的员工尽管在不安全行为意向方面与外控型人格倾向不明显的员工在不安全行为意向方面差异不显著，但在不安全行为方面，更易遵从群体行为，表现出“顺其自然，听之任之”的安全行为态度，易发生相似的不安全行为，这也从另一方面验证了群体动力学的作用机理。

（三）事故体验对因变量的影响分析

事故体验对员工不安全行为意向有显著影响，但与员工不安全行为关系不显著。事故体验对员工不安全行为意向有显著影响，多基于经验性的认知和判断，如俗语“一朝被蛇咬，十年怕井绳”便是对这一观点的生动描述。但有关实证的验证与分析较少。本书基于数据实证分析表明，二者之间存在显著关系。可能的原因是：有事故体验员工较无事故体验的员工在工作中保持更高的恐惧感，从而更有遵守安全作业规程的意愿。本书将事故体验分为直接体验与间接体验，结果表明，包含直接体验和间接体验的整体数据对员工不安全行为意向有显著影响。

事故体验与员工不安全行为关系不显著，说明事故体验对不安全行为的影响主要是通过不安全行为意向这一中介变量而产生影响的。因此，对管理者而言，通过强化员工的间接事故体验，来降低员工的不安全行为意向是干预员工不安全行为的有效途径。

（四）工作满意度对因变量的影响分析

工作满意度和员工不安全行为意向及其行为均显著相关。已往研究表明，当员工工作满意度较低时，工作绩效较低，同时可能伴随“磨洋工”“浪费工料”等行为。本书研究表明，低的工作满意度可能产生更高的不安全行为意向及其行为。可能的原因是，低的满意度导致员工工作敷衍、散漫，以及对安全作业规定的轻视，最终促使不安全行为意向及其行为的增加。

（五）安全知识对因变量的影响分析

安全知识对员工不安全行为意向及其行为有显著影响。安全知识对员工不安全行为产生重要影响的研究已得到多项数据的支持。本书同时研究了员工安全知识对不安全行为意向有重要影响，说明员工安全知识提高，既可能直接影响员工减少不安全行为的发生，还有可能通过降低不安全行为意向这一中介变量，减少不安全行为的发生。

（六）家庭安全劝导对因变量的影响分析

家庭安全劝导与不安全行为的关系并不显著，但家庭安全劝导对员工不安全行为意向有显著影响。这说明家庭安全劝导对员工不安全行为的意向有重要影响，通过增加员工家属对不安全行为危害的认知，有助于干预员工的不安全行为意向，从而间接影响员工不安全行为。

第二节　人口统计学变量与不安全行为意向及其行为的关系研究

一、人口统计学相关变量研究状况

为进一步分析人口统计学变量对员工不安全行为意向及不安全行为的影响，基于已有研究结论与所具备的研究条件，本节主要分析年龄、学历、工龄或经验、工作岗位、用工性质、吸烟与饮酒等人口统计学变量特征对不安全行为或不安全行为意向的预测作用。这些变量的相关研究结论简述如下：

（1）年龄。据美国科学院一份报告表明，在对全国最大的 15 家井工煤矿统计发现，年龄和伤亡事故明显负相关（Councin N，1982）。Shafai－Sahrai 和 Yaghoub（1973）、Oi（1974）、Root（1981）、Paul 等（2007）的研究也表明年龄与事故率负相关，Sari、Duzgun 等（2004）研究表明中年人具有更高的事故率，武淑平（2009）等研究表明人误与年龄负相关。田水承等（2005）运用灰色关联理论，验证年龄事故或伤害具有显著关联度。Bennett J D 和 Passmore D L（1984）通过对美国煤矿事故的研究发现工人的年龄与员工冒险行为相关。但是 Paul 等（2007）研究表明年龄与不安全行为关系不显著；Bennett（1982）、Maiti 和 Bhattacharjee（1999）研究发现年龄与事故率之间并没有显著相关；陈红等（2007）通过单因素方差分析（one－way ANOVA），表明年龄与违章行为关系不显著。

（2）工龄或经验。武淑平（2009）等研究表明人误与工龄负相关。Bennett J D 和 Passmore D L（1982）通过对美国煤矿事故的研究发现工作经验与员工冒险行为相关。然而 Paul 等（2007）研究表明工龄与不安全行为关系不显著；陈红等（2007）研究表明工龄与违章行为关系不显著。张江石等（2009）研究表明，个体的年龄、工龄和工作经历等与其安全认识水平关系显著。

（3）学历。田水承等（2005）研究表明文化程度与事故或伤害具有显著关联度。另一文献研究表明包括学历、工龄等因素的知识状态与不安全行为相关。陈红等（2007）研究表明受教育程度与违章行为关系不显著。

（4）婚姻状况。林泽炎（1997）通过 86 份问卷调查分析，发现婚姻能够较好地预测事故的发生。武淑平（2009）等研究表明婚姻状况与不安全行为显著相关。陈红等（2007）研究表明婚姻状况与违章行为关系不显著。

（5）用工性质。陈红等（2007）研究表明员工的用工形式与违章行为显著相关。林泽炎研究表明，员工的用工形式会显著影响其在危险奖惩和责任义务，临时工较固定工和全民合同工等其他用工形式，更易表现出冒险行为。

（6）工作岗位。林泽炎（1998）研究表明，掘进工人较采煤、机电及其他工种人员更易表现出冒险行为，机电、通风工种人员较其他工种人员更易发生不按要求佩戴安全装备的冒险行为。而且，领导岗位的人员较一般工种人员有更高的安全绩效。

（7）工作点班。陈红等（2007）通过统计表明，事故发生有一定的时间规律，因此推测可能与工作点班有一定关系。

（8）职务。陈红等（2007）研究表明工作类别与违章行为关系显著。

（9）吸烟与饮酒。陈红等（2007）研究表明吸烟情况与违章行为关系显著。此外，饮酒与吸烟是较为相似的生活嗜好，但目前有关饮酒与不安全行为的实证分析较少。

（10）经济压力。由于不安全行为被查处后会面临经济方面的损失，因此一般认为经济压力会成为是否发生有意不安全行为的一个决策变量。陈红等（2007）研究表明抚养孩子数与违章行为关系显著。本书研究中主要由被调查对象陈述承担家庭费用的情况来了解员工的经济压力。

二、样本情况

本书的样本来自于7个煤矿单位，调查对象全部在开采、掘进、机电、运输、通风等一线单位工作或在安监部门从事安全监管工作。问卷发放方式为分层随机抽样方式，共发放1000份，回收813份，有效问卷数为735份，问卷回收率为81.3%，有效回收率为73.5%。问卷发放与回收情况见表8.10。

表8.10　问卷发放与回收情况统计表

样本来源	发放问卷数量	回收问卷	问卷回收率（%）	回收有效问卷	有效问卷百分比（%）
DH矿	200	147	73.5	135	67.5
QY矿	200	176	88.0	168	84.0
TS矿	200	173	86.5	167	83.5
CZ矿	100	78	78.0	73	73.0
SH矿	100	79	79.0	72	72.0
WZ矿	100	84	84.0	66	66.0
JH矿	100	76	76.0	54	54.0
合计	1000	813	81.3	735	73.5

调查对象的人口统计学变量分布结构见表8.11。被调查对象在年龄分布方面较为合理，51周岁及以上年龄的员工比例较低，其他年龄段的员工分布较为平均。但是，员工的平均学历较低，约60%的员工学历低于大专水平，本科及以上学历人员约占24.6%。婚姻状况方面，未婚或离异的员工约占27%。

表 8.11　样本人口统计学变量特征分布统计

样本特征		频率	百分比（%）	累计百分比（%）
年龄分布	25 岁及以下	119	16.2	16.2
	26～30 岁	175	23.8	40.0
	31～35 岁	143	19.5	59.5
	36～40 岁	122	16.6	76.1
	41～50 岁	146	19.9	95.9
	51～55 岁	27	3.7	99.6
	56 岁及以上	3	0.4	100.0
学历分布	初中或初中以下	185	25.2	25.2
	高中、职高、中专、中技	254	34.6	59.7
	大专	115	15.6	75.4
	本科	169	23.0	98.4
	研究生及以上	12	1.6	100.0
婚姻状况	已婚	537	73.1	73.1
	未婚	179	24.4	97.4
	有婚史，现单身	19	2.6	100.0

调查对象的工作属性特征分布情况见表 8.12。

调查对象的用工形式主要有三种：一是无固定期限合同工（多在所在单位连续工作超过 10 年），约占 18%。二是有固定期限劳动合同工，约占 62.6%。这两种用工形式也就是国企传统意义上的正式工，约占总调查对象的 80.5%。三是劳务派遣（Service Dispatching）或农民工，这些用工形式的员工多承担苦、脏、累、险，且技术含量不是太高的工作，收入水平较低。这类员工是近年来煤炭企业的新型用工形式。此外，还有少量集体工等其他工种，约占被调查对象的 1% 左右。

在工作点班方面，被调查企业生产一线多实行三班制，但在具体运行方面有一些差点。如在点班时刻方面，上午、下午和夜班的时间界限有一定差异；再如在具体运作方面，有的企业三班间歇作业，有的两班作业，夜班主要进行维护。由于作业的特殊性，在工作中点班不规律的占较大比例，调查对象中约有 30% 的员工工作时间是不固定的。

在员工职务和级别方面，约 24.8% 的员工具有行政级别，55.2% 的员工是一线操作岗位员工，约 20% 的员工是管理技术岗位员工。

表 8.12　样本工作属性特征分布统计

样本特征		频率	百分比（%）	累计百分比（%）
用工性质	无固定期合同	132	18.0	18.0
	固定期合同	460	62.6	80.5
	集体工	3	0.4	81.0
	外委	3	0.4	81.4
	劳务派遣、农民工	135	18.4	99.7
	其他	2	0.3	100.0
工作点班	正常上下班	166	22.6	22.6
	上午班	115	15.6	38.2
	下午班	173	23.5	61.8
	夜班	60	8.2	69.9
	不规律	221	30.1	100.0
行政级别	操作人员	406	55.2	55.2
	一般管技人员	147	20.0	75.2
	区科副职	67	9.1	84.4
	区科正职	32	4.4	88.7
	其他	83	11.3	100.0

735 名被调查者的饮酒、吸烟情况和经济压力情况见表 8.13。从表中可以看出，被调查者中约有 66% 的员工饮酒，约有 55% 的员工经常吸烟，约有 48% 的员工承担一半以上的经济支出。说明吸烟、饮酒在矿工一线员工中较为普遍，矿工工资收入是其家庭的主要经济来源，大多数矿工都面临较大的经济压力。

表 8.13　样本烟酒嗜好及经济压力分布统计

样本特征		频率	百分比（%）	累计百分比（%）
饮酒状况	不喝酒	250	34.0	34.0
	小于 3 次/周	408	55.5	89.5
	多于 3 次/周，但适量	71	9.7	99.2
	经常喝，常喝醉	6	0.8	100.0
吸烟状况	不吸烟或偶尔吸	331	45.0	45.0
	经常吸但能克制	326	44.4	89.4
	经常吸烟且上瘾	78	10.6	100.0

续表

样本特征		频率	百分比（%）	累计百分比（%）
经济负担	不承担	43	5.9	5.9
	不到1/4	87	11.8	17.7
	多于1/4但少于1/2	136	18.5	36.2
	多于1/2	353	48.0	84.2
	以上都不适合	116	15.8	100.0

三、分析方法

（一）研究方法说明

本书研究中因变量有两个，一是个体的不安全行为意向，二是个体的不安全行为。从整体分析可以看出，两个变量的偏度和峰度均在可接受范围之内，可视为正态变量。因此，人口学统计变量与不安全行为意向与行为的关系可按多自变量、多因变量的关系进行析因方差分析。多变量关系的分析方法主要参照文献的有关内容，主要研究流程见图8.5，有关统计结果说明和数据报告要求参照文献有关要求和建议。

相关人口统计学变量的特征测量均采用问卷法，由被调查对象填答问卷，研究者进行编码和分析统计。

（二）效应尺度的说明

在后续分析中将涉及效应尺度的度算，效应尺度的计算公式如下：

$$d = \frac{MD}{pooledSD}$$

式中，*MD* 为均差值（平均数差），*pooledSD* 为标准偏差集合值（标准差）。

效应评估的参照标准见表8.14（Gravetter Frederickj et al. ，2008）。

表8.14　科恩 *d* 值评估效应大小

d 值	评价效应大小	含义
0 ~0.2	较小效应	平均数差异小于0.2个标准差
0.2 ~0.8	中等效应	平均数差异约为0.5个标准差
0.8以上	较大效应	平均数差异大于0.8个标准差

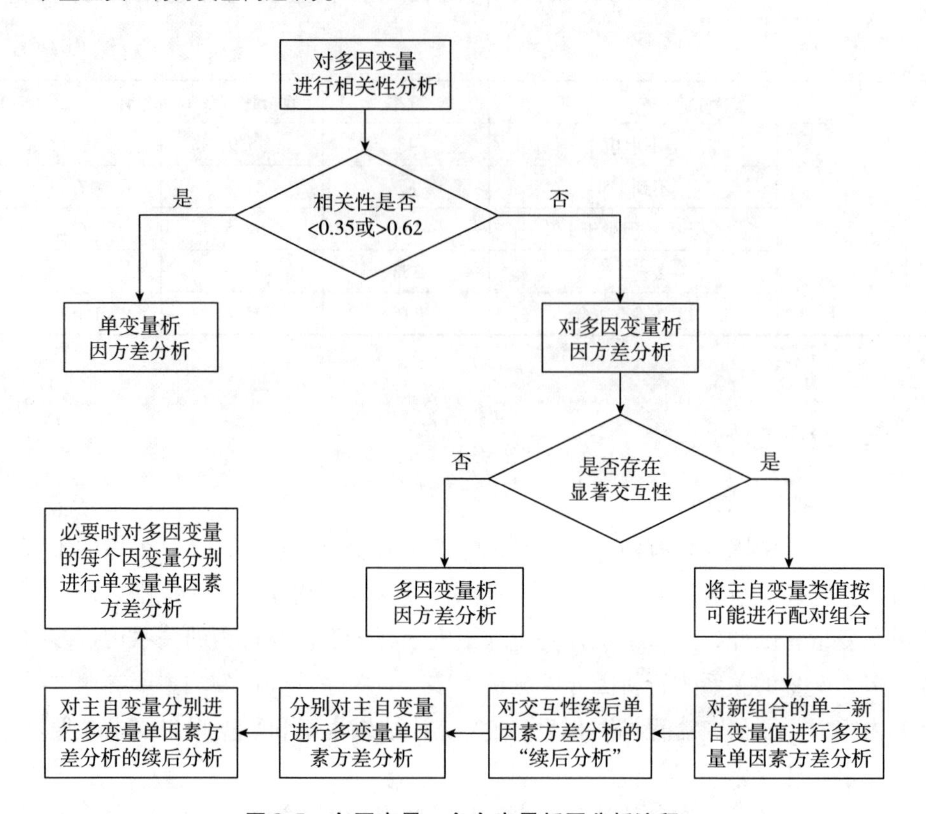

图 8.5　多因变量、多自变量析因分析流程

资料来源：根据蓝石（2011）修改。

四、结果与讨论

首先，进行因变量间的相关性分析。结果表明，不安全行为意向与不安全行为的相关系数为 0.374，偏中低。由于相关系数在 0.35～0.62，P＝0.000 小于 0.01，说明适宜进行多变量析因方差分析。

其次，进行总体交互性和析因方差分析。如表 8.15 所示，通过进行协方差矩阵等同性的 Box 检验，Sig. ＝0.810，Sig. 值不显著，则方差齐性假设成立，说明宜采用 Wilks Lamda 数据进行分析。

表 8.15　协方差矩阵等同性的 Box 检验[a]

Box 的 M	28.168
F	0.742
df1	24

续表

Box 的 M	28. 168
df2	946. 872
Sig.	0. 810

注：①检验零假设，即观测到的因变量的协方差矩阵在所有组中均相等。②设计：截距 + 年龄 + 学历 + 婚姻状况 + 用工性质 + 工作岗位 + 点班 + 职务 + 饮酒 + 吸烟 + 经济压力。

再次，进行多变量分析。多变量分析结果表明，婚姻、工作岗位、饮酒、经济压力不同变量值存在多变量显著差异（见表 8. 16）。

表 8. 16　不同个体人口统计学变量对不安全行为及其意向线性相关性的统计交互性

	Wilks 的 Lambda 值	df	F	P	eta^2
因变量线性相关性					
不同婚姻状态	0. 984	4	2. 871	0. 022	0. 008
不同工作岗位	0. 950	16	2. 253	0. 003	0. 025
不同饮酒状况	0. 974	6	2. 995	0. 007	0. 13
不同经济压力	0. 977	8	2. 049	0. 038	0. 12

又次，进一步进行主体间效应值检验。结果表明，不同婚姻状况员工与其不安全行为的综合均值存在显著差异（Sig. =0. 012），不同工作岗位员工与其不安全行为的综合均值存在显著差异（Sig. =0. 024），不同饮酒状况员工与其不安全行为综合均值存在显著差异（Sig. =0. 001），不同经济压力状况员工与其不安全行为意向综合均值存在显著差异（Sig. =0. 021），其他变量特征与其不安全行为或不安全行为意向的综合均值在统计上均不显著。

最后，对具有显著差异的变量将在后继分析中采用多变量单因素方差分析法进行，以探究具体显著的组别特征。

（一）婚姻状况与因变量的关系分析

分析表明，婚姻状况与不安全行为意向间不存在统计上的显著交互性，但婚姻状况与不安全行为之间存在显著交互性（P = 0. 002）（见表 8. 17 和表 8. 18）。

表 8.17　不同婚姻状况员工在不安全行为中的均值与标准偏差值比较

不同婚姻状况	N	M	SD
未婚	179	3	0.98870
已婚	537	3.2272	0.93669
有婚史，现单身	19	3.6842	0.94591

表 8.18　不同婚姻状况员工在不安全行为的单因素方差分析

Source	df	SS	MS	F	P
不安全行为均值					
组间	2	11.816	5.908	6.549	0.002*
组内	732	660.388	0.902		
总计	734	672.204			

注：*表示 $P<0.05$。

基于单因素方差分析，不同婚姻状况（未婚、已婚、有婚史现单身）的员工，他们在不安全行为的均值上有显著统计差异，$F(2, 734)=6.549$，$P=0.002$。表 8.17 表明，未婚员工的不安全行为均值为 3，已婚员工的不安全行为均值为约 3.23，有婚史现单身的不安全行为均值约为 3.68。单因子方差分析的"继后分析"表明，就不安全行为的均值而言，已婚员工与未婚员工之间存在显著统计差异（$P=0.016<0.05$，$d=0.24$），未婚员工与有婚史现单身员工之间存在显著统计差异（$P=0.008<0.05$，$d=0.71$）。

（二）工作岗位与因变量的关系分析

不同岗位员工在不安全行为意向中的均值与标准偏差值比较（见表 8.19）。

表 8.19　不同岗位员工在不安全行为意向中的均值与标准偏差值比较

不同工作岗位	N	M	SD
开拓、掘进	199	10.9598	2.40336
设备安装或维护	42	11.4286	2.04990
开采	192	10.2448	2.27379
井运、皮带、提升	79	10.4937	2.60607
机电	111	10.5856	2.40253
地测	27	10.1852	2.09463
通风	34	9.9706	1.91462
巷修	16	10.1875	1.97379
其他	35	10.8000	2.18012

统计分析表明，工作岗位与不安全行为统计上不显著（P＝0.073），但工作岗位与不安全行为意向统计上显著（P＝0.017）（见表8.20）。

表8.20　不同工作岗位员工在不安全行为意向的单因素方差分析

Source	df	SS	MS	F	P
不安全行为意向均值					
组间	101.953	11.816	12.744	2.358	0.017*
组内	3923.225	660.388	5.404		
总计	4025.178	672.204			

注：*表示 P＜0.05。

基于单因素方差分析，不同岗位（开拓、掘进；设备安装或维护；开采；井运、皮带、提升；机电；地测；通风；巷修；其他）员工，他们在不安全行为意向的均值上有显著统计差异，F（102，4025）＝2.358，P＝0.017。单因子方差分析的“继后分析”表明，就不安全行为意向的均值而言，开拓、掘进岗位的员工与开采岗位的员工存在显著统计差异（P＝0.046 小于 0.05，d＝0.07）。

（三）饮酒状况与因变量的关系分析

统计分析表明，饮酒状况与不安全行为意向统计上不显著（P＝0.780），但饮酒状况与不安全行为统计上显著（P＝0.000）（见表8.21）。

表8.21　不同饮酒状况员工在不安全行为的单因素方差分析

Source	df	SS	MS	F	P
不安全行为均值					
组间	3	20.709	6.903	7.745	0.000*
组内	731	651.495	0.891		
总计	734	672.204			

注：*表示 P＜0.05。

基于单因素方差分析，不同饮酒状况（不饮酒、偶尔喝、经济喝、常喝醉）的员工，他们在不安全行为的均值上有显著统计差异，F（3，734）＝7.745，P＝0.000。表8.22表明，不喝酒的员工不安全行为的均值为3.0490，喝酒的员工不安全行为的均值为3.40。单因子方差分析的“继后分析”表明，就不安全行为的均值而言，不喝酒的与偶尔喝酒的员工之间存在显著统计差异（P = 0.000 <0.05，d =0.11）。

表 8.22　不同饮酒状况员工在不安全行为中的均值与标准偏差值比较

不同饮酒状况	N	M	SD
不喝酒	250	3.0490	0.96501
偶尔（小于 3 次/周）	408	3.4080	0.89708
经常喝（多于 3 次/周），但保持适量	71	3.1408	0.97535
经常喝，常喝醉	6	3.5000	1.04881

（四）经济压力与因变量的关系分析

统计分析表明，经济压力与不安全行为统计上并不显著（P =0.827），但经济压力与不安全行为意向统计上显著（P =0.034）（见表 8.23）。

表 8.23　不同经济压力员工在不安全行为的单因素方差分析

Source	df	SS	MS	F	P
不安全行为均值					
组间	4	56.970	14.243	2.620	0.034 *
组内	730	3968.208	5.436		
总计	734	4025.178			

注：* 表示 P <0.05。

基于单因素方差分析，不同经济压力（不承担、承担少于 1/4、承担 1/4 到 1/2、承担多于 1/2、以上均不合适）的员工，他们在不安全行为意向的均值上有显著统计差异，F（4，734） =14.243，P =0.034。表 8.24 表明，不承担费用的不安全行为意向的均值为 10.9535，承担费用少于 1/4 的员工的不安全行为意向的均值为 11.1839，承担多于 1/4 但少于 1/2 员工的不安全行为意向的均值为 10.4412，承担多于 1/2 员工的不安全行为意向的均值为 10.3994，承担其他比例的员工的不安全行为意向的均值为 10.7931。单因子方差分析的“继后分析”表明，就不安全行为意向的均值而言，承担费用多于 1/2 与承担费用少于 1/4 的员工之间存在显著统计差异（P =0.04 <0.05，d =0.073）。

表 8.24　不同经济压力员工在不安全行为中的均值与标准偏差值比较

不同经济压力状况	N	M	SD
不承担	43	10.9535	3.20679
不到 1/4	87	11.1839	2.60379
多于 1/4 少于 1/2	136	10.4412	2.32144
多于 1/2	353	10.3994	2.23014
以上都不适合	116	10.7931	2.03242

（五）不同经济压力、饮酒的交互效应与因变量的关系

通过进行协方差矩阵等同性的 Box 检验，Sig. =0.002，Sig. 值显著，则方差齐性假设不成立，推翻数据分布均匀一致的假定，宜采用 Pillai 的跟踪值对数据进行分析（见表 8.25）。

表 8.25　协方差矩阵等同性的 Box 检验[a]

Box 的 M	77.184
F	1.730
df1	42
df2	6718.532
Sig.	0.002

注：①检验零假设，即观测到的因变量的协方差矩阵在所有组中均相等；②a. 设计：截距 + 经济压力 + 饮酒 + 经济压力 × 饮酒。

多变量析因方差分析结果表明，比较分析在不同饮酒状况和不同经济压力之间对于因变量的线性相关性（员工在不安全行为意向和不安全行为均值的线性相关性）存在显著统计交互性。Pillai 的跟踪值 0.041，P =0.039 <0.05。

从表 8.26 可以看出，饮酒一行的 P <0.05（Sig. =0.001），说明不同饮酒状况组之间存在多变量显著差异。但经济压力一行的 P >0.05（Sig. =0.223），说明不同经济压力组之间多变量差异并不显著。

表 8.26　多变量检验摘要

	Pillai 的跟踪值	df	F	P	eta^2
因变量线性相关性					
截距	0.664	2	709.931[a]	0.000	0.664

续表

	Pillai 的跟踪值	df	F	P	eta^2
饮酒（不安全行为）	0.031	6	3.761	0.001	0.015
经济压力	0.015	8	1.332	0.223	0.007
经济压力×饮酒（不安全行为意向）	0.041	18	1.665	0.039	0.020

注：a 表示精确统计量。

从主体间效应的检验结果表明，饮酒与不安全行为意向间的 $P>0.05$（Sig. =0.104），但饮酒与不安全行为间的 $P<0.05$（Sig. =0.000），经济压力与不安全行为意向的不安全行为的 P 均大于 0.05（Sig. 值分别为 0.082 和 0.771）。饮酒与经济压力的交互效应与不安全行为意向间显著交互，$P<0.05$（Sig. =0.005），但与不安全行为的关系统计不显著 $P>0.05$（Sig. =0.543）（见表 8.27）。

表 8.27　经济压力与饮酒对于因变量线性相关性统计交互性

源	因变量	Ⅲ型平方和	df	均方	F	Sig.	eta^2
校正模型	行为意向合计	191.829[a]	16	11.989	2.246	0.004	0.048
	不安全行为	30.058[b]	16	1.879	2.101	0.007	0.045
截距	行为意向合计	6653.771	1	6653.771	1246.275	0.000	0.634
	不安全行为	582.110	1	582.110	650.872	0.000	0.475
饮酒	行为意向合计	33.000	3	11.000	2.060	0.104	0.009
	不安全行为	18.565	3	6.188	6.919	0.000	0.028
经济压力	行为意向合计	44.396	4	11.099	2.079	0.082	0.011
	不安全行为	1.618	4	0.405	0.452	0.771	0.003
饮酒×经济压力	行为意向合计	126.103	9	14.011	2.624	0.005	0.032
	不安全行为	7.078	9	0.786	0.879	0.543	0.011
误差	行为意向合计	3833.349	718	5.339			
	不安全行为	642.146	718	0.894			
总计	行为意向合计	86525.000	735				
	不安全行为	8122.000	735				
校正的总计	行为意向合计	4025.178	734				
	不安全行为	672.204	734				

注：① $R^2=0.048$（调整 $R^2=0.026$）；② $R^2=0.045$（调整 $R^2=0.023$）。

进一步进行单因子方差分析（One－wayAnoka）的“继后分析”，结果表明，不喝酒且承担家庭费用在1/4到1/2的员工与偶尔喝酒且不承担家庭费用的员工在不安全行为方面存在显著统计差异（P＝0.041），不喝酒且承担家庭费用多于1/2的员工与偶尔喝酒且不承担家庭费用的员工在不安全行为方面存在显著统计差异（P＝0.05）。

（六）结论

综上，通过分析人口统计学变量与不安全行为意向及不安全行为的关系。结果表明：不同婚姻状况员工在不安全行为表现上有显著差异，有婚史现单身的员工更易发生不安全行为；不同工作岗位的员工在不安全行为意向上有显著差异，开拓、掘进岗位的员工有更高的不安全行为意向；不同饮酒状况的员工在不安全行为意向上有显著差异，经常喝酒并常喝醉的员工有更高的不安全行为意向；不同经济压力员工的不安全行为意向具有显著统计差异，不承担家庭费用或承担家庭费用少于1/4的员工应被重点关注；不饮酒且承担家庭费用少于1/2的员工较其他组员工在不安全行为意向方面具有显著统计差异。因此对企业而言，为干预、控制员工不安全行为，应对以下群体予以重点关注和疏导：婚姻状况不理想的员工；从事开拓、掘进等工作风险较大工作的员工；喜好饮酒的员工；经济压力较小的员工等。

第三节　本章小结

本章以事故致因理论为基础，研究了个体特征因素对不安全行为意向及不安全行为的影响；同时基于单、多变量单因素方差分析及其续后分析，研究了人口统计学变量与不安全行为意向及不安全行为的关系。得出结论如下：①个体特征因素中，对员工不安全行为意向有显著影响的主要变量有自我效能、事故体验、工作满意度、安全知识以及家庭安全劝导。②对员工不安全行为有显著影响的变量有自我效能、外控人格倾向、工作满意度和安全知识。③在人口统计学变量方面：不同婚姻状况员工在不安全行为表现上有显著差异，有婚史现单身的员工更容易发生不安全行为；不同工作岗位的员工在不安全行为意向上有显著差异，开拓、掘进岗位的员工有更高的不安全行为意向；不同饮酒状况的员工在不安全行为意向上有显著差异，经常喝酒并常喝醉的员工有更高的不安全行为意向；不同经济压力员工在不安全行为意向上具有显著统计差异，不承担家庭费用或承担家庭费用少于 1/4 的员工应被重点关注；不饮酒且承担家庭费用少于 1/2 的员工较其他组员工在不安全行为意向方面具有显著统计差异。

第九章　组织环境因素对不安全行为意向及其行为的影响研究

虽然个体特征因素对不安全行为意向及不安全行为有重要影响，但也有一些不安全行为意向和不安全行为是由社会环境、物质环境和员工在这些环境中的工作的经历所引起的。因此，本章拟探究组织及环境因素对不安全行为意向及不安全行为的影响，为管理者从组织及环境角度进行员工行为安全管理提供理论依据。

第一节　理论分析与假设

许多行为往往决定于行为发生的环境，不安全行为往往是由社会环境、物质环境和员工在这些环境中的工作经历所导致（麦克斯温，2011）。所以从组织和环境因素分析导致不安全行为意向及其不安全行为的因素，能够更好地理解导致不安全行为的深层次原因，为从组织和环境角度干预不安全行为提供理论依据。不安全行为意向及不安全行为的组织与环境影响因素的研究已在前文进行了简要综述。现对本章研究所涉及的主要变量及其假设进行简要分析。

（1）组织安全承诺。承诺是订立契约的一个要件，承诺就是承诺人许诺权利、允诺义务（邱本，1998）。安全承诺就是承诺人在未来行使有关安全权利和履行有关安全义务的许诺。从承诺人的属性特征角度可将安全承诺划分为组织安全承诺和员工安全承诺。组织安全承诺是组织对安全投入、安全落实和安全监管等安全管理活动的许诺和自我约束，是组织安全文化或安全氛围建设的重要基础。研究表明，组织承诺会影响员工的组织公民权行为（刘璞、井润田，2007）和企业整体公民行为（吕政宝，2010），组织承诺还会影响到员工的工作满意度，进而影响员工个体行为（江永众，2007）。虽然现有研究中较少将组织安全承诺作为组织承诺的维度进行考虑，更鲜有关于组织安全承诺与不安全行为关系的研究。但基于对组织承诺与组织公民行为的研究结论，以及行为意向与行为关系的研究结论，可以推断组织安全承诺可能会影响员工工作承诺，进而影响员工个体的安全行为意愿和安全行为。据此，假设：

H_{1a}：组织安全承诺对不安全行为意向有显著影响。

H_{1b}：组织安全承诺对不安全行为有显著影响。

（2）安全理念。安全理念是企业安全宗旨、安全管理境界、安全道德规范和安全行为准则的集中体现和高度概括（杨光、张小兵，2005）。安全理念因企业发展战略、事故致因理论、安全管理形势要求等差异而表现为不同的形式和内容。“安全第一”“以人为本”“煤矿能够做到零死亡”等均是煤矿安全理念的具体体现。从宏观上分析，可将企业是否以安全为重、安全管理工作是否处于企业核心地位、安全管理人员在企业中的地位等作为企业安全理念的一般评价指标。由于安全理念中“怎样防止事故发生、谁应该承担什么样的防止事故责任”的内容，会直接影响企业的安全管理行为，从而影响到员工个体的安全认知和判断，进而影响员工的安全意愿和表现。据此，假设：

H_{2a}：安全理念对不安全行为意向有显著影响。

H_{2b}：安全理念对不安全行为有显著影响。

（3）危险源管理。危险源是“可能导致人员伤害或财务损失事故的、潜在的不安全因素”（Hammer W，1989）。危险源管理就是对危险源的发现、识别、评价、控制、防范及其消除等管理工作的统称。系统安全观点认为，不安全行为和物的不安全状态是诱发两类危险源失控并导致事故的重要原因。但危险源管理水平对不安全行为的影响研究较少。不过风险补偿理论认为，在风险情境中人的风险补偿会导致冒险行为的出现（林泽炎，1998）。因此，组织风险源管理的程度会对员工冒险等不安全行为产生影响。据此，假设：

H_{3a}：危险源管理水平对不安全行为意向有显著影响。

H_{3b}：危险源管理水平对不安全行为有显著影响。

（4）安全装备与物态环境。一般认为，安全装备和生产作业条件的改善能够有效降低安全事故的发生，所以生产性企业往往在安全装备改善等方面投入大量的资金和人力。然而有研究表明，煤矿工人的冒险行为具有一定权变性，生产条件与员工的冒险行为负相关（林泽炎，1998）。由于生产作业条件既包括生产的物态环境水平，又包括作业者配备的安全装备。据此，假设：

H_{4a}：安全装备水平对不安全行为意向有显著影响。

H_{4b}：安全装备水平对不安全行为有显著影响。

H_{5a}：物态环境水平对不安全行为意向有显著影响。

H_{5b}：物态环境水平对不安全行为有显著影响。

（5）工作压力。研究表明，工作压力对不安全行为有显著正影响（田水承、郭彬彬、李树砖，2011），而且工作压力是矿工心理、身体和知识状态与不安全行为的重要中介变量。然而，有关工作压力对不安全行为意向的实证研究较为少见。为验证工作压力与不安全行为意向与行为的关系，假设：

H_{6a}：工作压力水平对不安全行为意向有显著影响。

H_{6b}：工作压力水平对不安全行为有显著影响。

（6）违章处罚。惩罚是许多企业及时制止员工不安全行为的重要手段。然而，使用惩罚措施也受到部分安全管理专家的诟病。因为惩罚措施的可行性、持续性、惩罚者是否在场等因素，以及惩罚对员工人际关系的破坏性等原因会使惩罚对不安全行为的抑制效用大打折扣（麦克斯温，2011）。同时，有研究认为，违章带来的酬赏或惩罚会成为个体违章的心理动力，最终外化为个体违章行为（禹东方、潘懋、刘松，2009）。因此，惩罚对员工不安全行为意愿和行为的影响还需要实证的检验。为此假设：

H_{7a}：违章处罚对不安全行为意向有显著影响。

H_{7b}：违章处罚对不安全行为有显著影响。

（7）安全管理行为。安全管理行为是安全承诺的具体体现，也是安全文化和安全理念的落实。员工对组织安全承诺、安全文化、安全理念的直接认知，大多通过组织安全管理的实践活动获得。有实证研究也表明，组织领导者积极的安全行动与员工不安全行为负相关（刘超，2010），但与员工不安全行为意向的关系尚缺乏检验。据此，假设：

H_{8a}：安全管理行动对不安全行为意向有显著影响。

H_{8b}：安全管理行动对不安全行为有显著影响。

为使模型完整，依据第三章不安全行为意向对不安全行为有重要影响的研究结论，形成假设：

H_9：不安全行为意向对不安全行为有显著影响。

上述假设构成的假设模型如图 9. 1 所示。

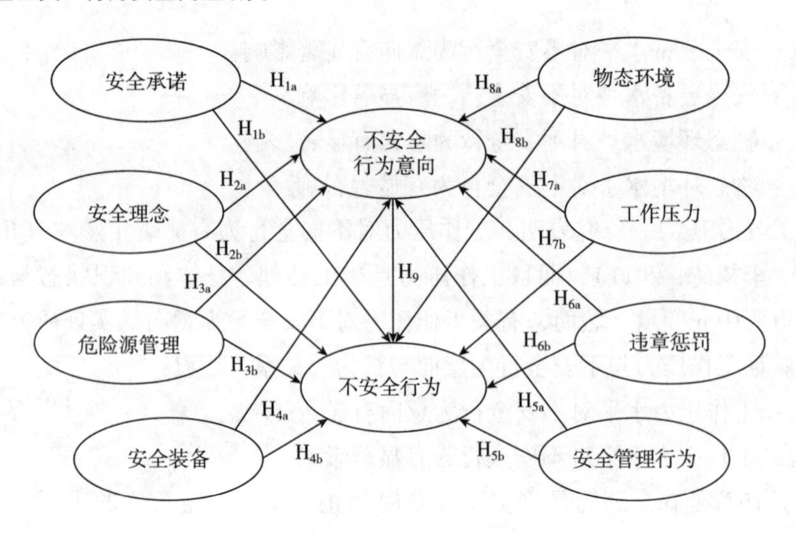

图 9.1　组织及环境因素对不安全行为及其意向的关系假设

第二节　组织环境因素量表质量分析与检验

对问卷量表质量的评价和说明前几章表述较为具体，故在本章主要呈现相关检验数据和表格，相关解释说明从简。

首先，对组织环境因素的量表数据进行 KMO 和 Bartlett 球形检验，检验数值见表 9.1。结果表明，KMO 值为 0.866，Bartlett 的球形度检验 Sig. =0.000 小于 0.005，说明量表适合进行因子分析。

表 9.1　KMO 和 Bartlett 球形检验

取样足够度的 Kaiser – Meyer – Olkin 度量（Kaiser – Meyer – Olkin Measure of Sampling Adequacy）		0.866
Bartlett 球形检验（Bartlett's Test of Sphericity）	近似卡方（Appros. Chi – Square）	13665.640
	df	465
	Sig.	0.000

其次，进行项目公因子方差分析，分析结果见表 9.2。从表 9.2 可以看出，除 C29 公因子方差近似值为 0.5（0.484）之外，其他各个项目的公因子方差均

在0.5以上，也说明适合进行因子分析。

表9.2　问卷项目公因子方差

项目代码	提取（共同度）	项目代码	提取（共同度）
C25	0.829	C16	0.605
C26	0.595	C3	0.641
C27	0.749	C5	0.816
C28	0.730	C4	0.885
C21	0.622	A16	0.557
C24	0.585	A17	0.578
C17	0.797	A19	0.598
C18	0.775	A20	0.524
C19	0.784	C12	0.853
C6	0.882	C7	0.741
C8	0.911	C2	0.789
C9	0.745	C20	0.531
C11	0.736	C22	0.542
C13	0.601	C23	0.592
C14	0.680	C29	0.484
C15	0.644		

注：提取方法为主成分分析法。

再次，确定提取公因子个数。依据碎石检验原则和陡坡图，选取特征根大于1的因子共有8个，具体值见表9.3。6个因子累积解释总方差的69.035%，说明选择8个因子是比较理想的。

表9.3　解释的总方差

成分	初始特征值			提取平方和载入			旋转平方和载入		
	合计	方差百分比（%）	累计方差百分比（%）	合计	方差百分比（%）	累计方差百分比（%）	合计	方差百分比（%）	累计方差百分比（%）
1	8.863	28.589	28.589	8.863	28.589	28.589	3.629	11.706	11.706
2	3.367	10.862	39.452	3.367	10.862	39.452	3.367	10.862	22.567
3	2.407	7.766	47.217	2.407	7.766	47.217	2.873	9.268	31.835

续表

成分	初始特征值			提取平方和载入			旋转平方和载入		
	合计	方差百分比（%）	累计方差百分比（%）	合计	方差百分比（%）	累计方差百分比（%）	合计	方差百分比（%）	累计方差百分比（%）
4	1.920	6.195	53.412	1.920	6.195	53.412	2.506	8.084	39.919
5	1.527	4.926	58.338	1.527	4.926	58.338	2.464	7.950	47.869
6	1.200	3.869	62.208	1.200	3.869	62.208	2.398	7.735	55.603
7	1.074	3.463	65.671	1.074	3.463	65.671	2.315	7.467	63.071
8	1.043	3.365	69.035	1.043	3.365	69.035	1.849	5.965	69.035
9	0.821	2.650	71.685						
10	0.789	2.545	74.230						
11	0.705	2.275	76.505						
12	0.630	2.034	78.539						
13	0.608	1.961	80.500						
14	0.585	1.886	82.386						
15	0.575	1.856	84.242						
16	0.556	1.793	86.035						
17	0.537	1.733	87.768						
18	0.477	1.540	89.308						
19	0.457	1.476	90.783						
20	0.431	1.392	92.175						
21	0.388	1.251	93.426						
22	0.331	1.069	94.495						
23	0.307	0.992	95.487						
24	0.269	0.869	96.356						
25	0.249	0.803	97.159						
26	0.203	0.656	97.815						
27	0.199	0.642	98.457						
28	0.164	0.529	98.985						
29	0.149	0.482	99.467						
30	0.125	0.404	99.871						
31	0.040	0.129	100.000						

注：提取方法为主成分分析法。

又次，进行项目旋转，确定各个因子的具体项目。对31个项目进行旋转，旋转成分矩阵结果见表9.4（为便于观察，绝对值低于0.2的未予显示）。

表9.4 旋转成分矩阵

	成分							
	1	2	3	4	5	6	7	8
C25	0.902							
C27	0.815							
C28	0.768				-0.207	0.212		
C26	0.735							
C29	0.605					0.259		
C17		0.821			0.206			
C18		0.781			0.288			
C19		0.771			0.253		0.236	
C21		0.728				-0.211		
C24		0.673		0.206				
C6			0.916					
C8			0.846	0.384				
C9	-0.270	0.201	0.728			-0.285		
C11	-0.349		0.628			-0.330		
C4				0.898				
C5				0.872				
C3				0.782				
C14					0.755			0.203
C13					0.729			
C15		0.318			0.694			
C16		0.231			0.618		0.281	
C12	0.306					0.820		
C2	0.303					0.789		
C7	0.340		-0.326			0.690		
C32							0.710	
C31							0.698	
C33						-0.239	0.661	
C30							0.633	0.275
C23								0.730
C22								0.709
C20							0.202	0.680

注：提取方法为主成分分析法；旋转法为具有Kaiser标准化的正交旋转法；旋转在7次迭代后收敛。

最后，对量表进行信度、效度检验。从表9.4可以看出，8个因子项目中最低载荷值为0.605，最高值为0.916，说明量表效度较高。对形成的8个因子分别进行信度检验，结果见表9.5，问卷整体的Cronbach's α值为0.711，安全管理承诺、安全理念、危险源管理、物态环境、安全装备、工作压力、违章处罚、安全管理行为8个因子的Cronbach's α值分别是0.848、0.826、0.889、0.784、0.780、0.886、0.720和0.610，说明问卷的信度质量较高。

表9.5 八个因子的项目分布及信度系数

因子序号	因子名称	因子项目代码	项目数	Cronbach's α	Cronbach's α
F1	安全管理承诺	C25、C26、C27、C28、C29	5	0.848	0.711
F2	安全理念	C17、C18、C19、C21、C24	5	0.826	
F3	危险源管理	C6、C8、C9、C11	4	0.889	
F4	物态环境	C3、C4、C5	3	0.784	
F5	安全装备	C13、C14、C15、C16	4	0.780	
F6	工作压力	C2、C7、C12	3	0.886	
F7	违章处罚	C30、C31、C32、C33	4	0.720	
F8	安全管理行为	C20、C22、C23	3	0.610	

建立相关模型并运用AMOS进行计算，获得各测量指标的因素负荷量、信度系数和测量误差，分别计算相关外生潜在变量的组合信度系数和平均变异量抽取值，计算结果和计算基础见表9.6。

表9.6 不安全行为组织环境影响因素量表的信度与误差

测量指标	因素负荷量	信度系数	测量误差	组合信度	平均变异量抽取值
C25	0.80	0.64	0.36		
C26	0.68	0.46	0.54		
C27	0.84	0.71	0.29		
C28	0.83	0.69	0.31		
C29	0.63	0.40	0.60		
				0.8715	0.5788
C17	0.82	0.67	0.33		

续表

测量指标	因素负荷量	信度系数	测量误差	组合信度	平均变异量抽取值
C18	0. 87	0. 76	0. 24		
C19	0. 86	0. 74	0. 26		
C21	0. 68	0. 46	0. 54		
C24	0. 57	0. 32	0. 68		
				0. 8760	0. 5912
C6	0. 69	0. 48	0. 52		
C8	0. 58	0. 34	0. 66		
C9	0. 88	0. 77	0. 23		
C11	0. 89	0. 79	0. 21		
				0. 8508	0. 5948
C3	0. 59	0. 35	0. 65		
C4	0. 67	0. 45	0. 55		
C5	0. 91	0. 83	0. 17		
				0. 7740	0. 5417
C13	0. 62	0. 38	0. 62		
C14	0. 71	0. 50	0. 50		
C15	0. 68	0. 46	0. 54		
C16	0. 74	0. 55	0. 45		
				0. 7825	0. 4746
C2	0. 85	0. 72	0. 28		
C7	0. 80	0. 64	0. 36		
C12	0. 90	0. 81	0. 19		
				0. 8871	0. 7242
C30	0. 59	0. 35	0. 65		
C31	0. 66	0. 44	0. 56		
C32	0. 66	0. 44	0. 56		
C33	0. 60	0. 36	0. 64		
				0. 7224	0. 3948
C20	0. 64	0. 41	0. 59		
C22	0. 52	0. 27	0. 73		
C23	0. 63	0. 40	0. 60		
				0. 6249	0. 3590

从表中可以看到，8 个潜在变量的组合信度值分别为 0. 8715、0. 8760、0. 8508、0. 7740、0. 7825、0. 8817、0. 7224 和0. 6249，所有值均大于0. 6，说明

模型内在质量佳；8 个潜在变量的平均变异量抽取值分别为 0.5788、0.5912、0.5948、0.5417、0.4746、0.7242、0.3948 和 0.3590，第 7 和第 8 个变量在 0.35 ~ 0.40，其他变量值均大于 0.4，说明模型聚敛性非常优秀。

第三节　组织环境因素对不安全行为意向及不安全行为的关系分析

一、研究分析方法

研究首先采用 PASW 工具对量表质量进行相关信度和效度的检验，之后采用 AMOS 工具对变量测量结果间关系进行研究，具体采用的模型是结构方程模型。

二、初始模型分析

通过 AMOS17.0 分析，数据收敛于模型，方差值、因子与相关项目间的 P 值均小于 0.001。然而，有部分因子与不安全行为意向与行为的关系不显著（$P > 0.05$）。关系不显著的主要是：不安全行为意向与管理承诺、不安全行为意向与物态环境、不安全行为与安全装备、不安全行为与安全管理行为、不安全行为与安全理念，说明假设 H_{1a}、H_{2b}、H_{4b}、H_{5a} 和 H_{8b} 没有得到数据的支持，其他假设均得到数据支持。因子关系不显著的因子关系估计值、显著性值见表 9.7。

表 9.7　系数估计结果不显著的因子

	Estimate	S. E.	C. R.	标准化估计值	P
不安全行为意向←管理承诺	0.03	0.05	0.60	0.03	0.55
不安全行为意向←物态环境	0.01	0.02	0.27	0.01	0.79
不安全行为←安全装备	0.02	0.12	0.17	0.01	0.87
不安全行为←安全管理行为	-0.02	0.20	-0.09	-0.01	0.93
不安全行为←安全理念	0.08	0.09	0.86	0.05	0.39

三、模型修正

删除关系不显著的路径后，运行 AMOS17.0，获得修正后的不安全行为及其意向的组织及环境因素影响模型，见图 9.2。结果表明：模型中相关路径关系均显著。模型简化的路径图及系数见表 9.8。

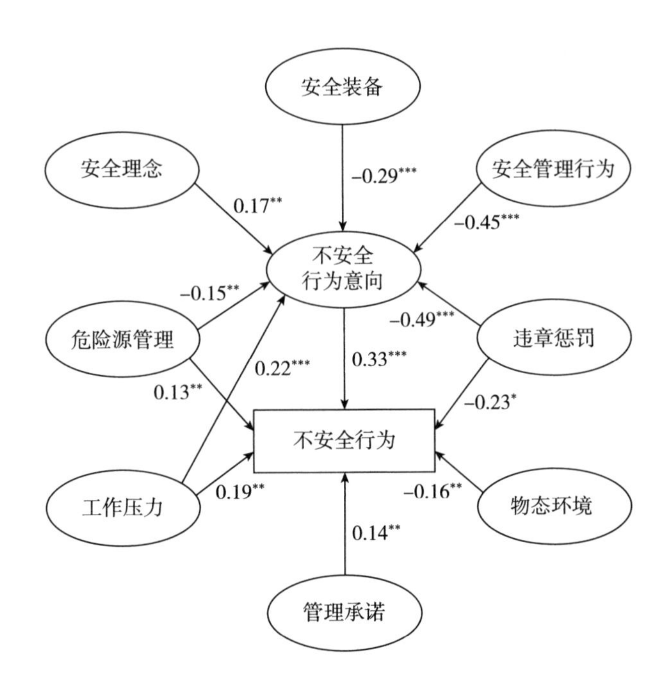

图 9.2　不安全行为及其意向的组织及环境因素影响模型

注：*** P<0.00，** P<0.01，* P<0.05。

对修正后的 SEM 模型进行违反估计与正态性检验。结果表明，误差方差值均为正值，标准化系数均小于 0.95，说明模型通过“违反估计”检验。偏度系数绝对值最大值为 1.66，峰度系数绝对值最大值为 3.76。满足对偏度系数 <3、峰度系数 <8 的判断标准，通过正态性检验。

表 9.8　系数估计摘要

	Estimate	S. E.	T 值（C. R.）	R^2	标准化估计值	P
不安全行为意向←安全理念	0.16	0.05	3.17	0.03	0.17	**
不安全行为意向←危险源管理	−0.07	0.03	−2.31	0.02	−0.15	**
不安全行为意向←安全装备	−0.26	0.06	−4.33	0.08	−0.29	***
不安全行为意向←安全行为	−0.55	0.09	−6.14	0.20	−0.45	***

续表

	Estimate	S. E.	T 值（C. R.）	R^2	标准化估计值	P
不安全行为意向←工作压力	0. 12	0. 03	4. 57	0. 05	0. 22	***
不安全行为意向←违章处罚	-0. 68	0. 11	-6. 15	0. 24	-0. 49	***
不安全行为←物态环境	-0. 07	0. 03	-2. 34	0. 03	-0. 16	**
不安全行为←工作压力	0. 16	0. 06	2. 67	0. 04	0. 19	**
不安全行为←危险源管理	0. 12	0. 05	2. 32	0. 02	0. 13	**
不安全行为←管理承诺	0. 19	0. 08	2. 38	0. 02	0. 14	**
不安全行为←违章处罚	-0. 37	0. 16	-2. 27	0. 05	-0. 23	*
不安全行为←不安全行为意向	0. 64	0. 13	5. 04	0. 11	0. 33	***

注：*** 表示 $P<0.001$，** 表示 $P<0.01$，* 表示 $P<0.05$。

模型拟合检验主要指标和数值见表 9. 9，从表中可以看出，相关指标值均达到基本判断标准，说明模型是可以接受的。

表 9. 9　不安全行为及其意向的组织环境影响因素模型拟合指标分析

指标分类	拟合指标	判断值	模型值
卡方检验与 P 值	自由度（df）		550
	卡方值（χ^2）		1625. 84
	卡方值与自由度比值（χ^2/df）	小于 3	2. 96
适合度指数	适配度指数（GFI）	大于 0. 90	0. 92
	调整后适配度指数（AGFI）	大于 0. 90	0. 91
	简效性拟合指数（PGFI）	大于 0. 50	0. 53
	正规拟合指数（NFI）	大于 0. 90	0. 90
替代性指数	比较拟合指数（CFI）	大于 0. 90	0. 92
	渐进残差均方和平方根（RMSEA）	小于 0. 08	0. 07
残差分析	标准化残差均方和平方根（SRMR）	小于 0. 08	0. 06

第四节　结果与讨论

通过上述分析，可以看出对员工不安全行为意向有显著影响的主要组织环境变量有安全装备、安全管理行为、违章惩罚、工作压力、危险源管理和安全理念。对员工不安全行为意向影响不显著的主要组织环境变量为物态环境和管理承诺。对员工不安全行为有显著影响的主要组织环境变量有违章惩罚、物态环境、安全管理承诺、工作压力和危险源管理。对员工不安全行为的影响不显著的主要组织环境变量有安全理念、安全装备和安全管理行为。下面对变量间关系检验结果讨论如下：

（1）组织安全承诺对不安全行为有显著影响，但与不安全行为意向的关系不显著。说明组织安全承诺会直接影响到员工的不安全行为，不安全行为意向的中介效用不明显。组织安全承诺越低，员工不安全行为越容易发生。强化组织安全承诺，可以降低或减少不安全行为发生的可能性。

（2）安全理念对不安全行为意向有显著影响，但和不安全行为关系不显著。说明安全理念通过影响不安全行为意向来间接影响不安全行为，安全理念对不安全行为的直接影响并不明显。安全理念会直接影响员工的安全行为意愿，安全理念越明确、具体，则员工不安全行为意向越低，最终发生不安全行为的可能性越低。

（3）危险源管理与不安全行为意向显著负相关，但与不安全行为显著正相关。说明危险源管理越差，员工的不安全行为意向越弱。但危险源管理越好，员工越易在行为安全或事故防范方面出现麻痹心理，发生不安全行为的可能性越大。可能原因是危险源管理越不到位，员工越有可能意识或关注所处任务环境中潜在的安全风险，从而更加谨小慎微，一定程度上对不安全行为意向产生约束效应。然而，危险源管理得越完善，员工越会忽视危险源可能带来的潜在风险，从而刺激不安全行为的发生。如机电设备有较好的绝缘保护，员工可能会在操作前不按要求切断电源，发生带电作业的不安全行为。

（4）安全装备与不安全行为意向显著负相关，但与不安全行为关系不明显。说明安全装备越好，越容易产生不安全行为意向。可能原因是员工自恃有较好的安全防护，降低了产生风险的预期，而没有更好地约束其不安全行为意向。

（5）物态环境与不安全行为显著负相关。说明物态环境越好，发生不安全行为的可能性越小。其原因是物态环境越好，则危险源越少，相应地组织对员工个体行为安全方面的规范和要求也会较为宽松，则员工表现出来的不安全行为数量会减少，最终效应表现在物态环境与不安全行为显著负相关。所以改善物态环境是减少员工不安全行为，降低生产作业风险的重要措施。

（6）工作压力与不安全行为意向和行为显著正相关。说明工作压力会强化员工的不安全行为意向和不安全行为。这与已有研究结论比较一致，说明生产作业过程中，要密切关注员工面临的工作压力，不可过大，否则会强化员工的不安全行为意向和不安全行为。

（7）违章处罚与不安全行为意向和行为显著负相关。说明违章处罚越严厉，不安全行为意向与不安全行为越少；违章处罚越宽松，不安全行为意向和不安全行为越多。员工个体在行为决策时，由于长期的安全绩效或多次违章行为并未导致事故，往往对安全风险的判断和估计相对模糊一些，甚至会低估可能导致的安全风险。然而，员工经过经验判断能够较准确地了解不安全行为可能带来的处罚结果。如果违章行为极有可能不会被发现，或者被发现的结果仅仅是简单、含蓄的批评等较轻的处罚措施时，会刺激员工产生不安全行为意向和不安全行为。因此，对煤矿企业员工而言，严厉的违章处罚措施是干预控制不安全行为的重要手段。

（8）安全管理行为与不安全行为意向显著负相关。说明企业持续的安全管理活动会对员工的不安全行为意向产生重要影响，企业在安全检查、安全培训、安全管理等方面的持续性工作，会对员工个体产生较大的心理暗示，使其更能认识到安全行为的重要性和不安全行为的风险，进而弱化员工的不安全行为意向。

第五节　本章小结

为探索组织及环境变量对不安全行为意向及不安全行为的影响，采用结构方程模型分析了安全管理承诺、安全理念、危险源管理、物态环境、安全装备、工作压力、违章惩罚、安全管理行为等组织环境变量与不安全行为意向及不安全行为的关系。结果表明：安全装备、安全管理行为、违章惩罚、工作压力、危险源管理、安全理念等变量与不安全行为意向显著相关，违章惩罚、物态环境、管理承诺、工作压力、危险源管理等变量与不安全行为显著相关。组织可通过对有关组织及环境变量的干预，对员工不安全行为意向和不安全行为产生影响，从而实现对不安全行为的有效干预和控制。

第十章　结论与展望

本章对全书研究获得的结论进行整体总结和回顾，同时检视研究存在的主要不足，并对未来研究进行展望。

第一节　结论

为探讨工矿企业员工行为安全问题的影响因素及其作用机制，本书基于计划行为理论、相对剥夺理论和事故致因理论，以评价行为安全水平的操作性指标——不安全行为为研究对象，系统研究了工矿企业员工个体特征、管理者风格、组织管理及环境因素对不安全行为及其意向的影响和作用机制。研究得出以下结论：

（1）不安全行为意向影响因子研究。基于计划行为理论，通过对240名煤矿一线员工进行调查及其数据的探索性因子分析，形成不安全行为意向的正式量表和探索性因子结构模型，又对7个煤矿735名一线员工进行调查并进行验证性因子研究。结果表明：编制的不安全行为意向量表信度、效度较高；员工不安全行为意向受不安全行为态度、班组安全氛围、行为风险认知偏差3个因子的影响；企业应从行为态度改变、班组安全氛围构建、行为风险认知偏差校正等方面，对员工不安全行为意向进行干预和控制。

（2）不安全行为意向与不安全行为的关系研究。基于计划行为理论，运用结构方程模型，以记录的不安全行为、未记录的不安全行为、合并统计的不安全行为为因变量，检验了不安全行为态度、班组安全氛围、不安全行为态度、不安全行为意向等变量对因变量的影响。得出如下结论：安全行为态度、班组安全氛围、行为风险认知偏差与不安全行为意向有显著关系；不安全行为意向与不安全行为显著相关；安全行为态度、班组安全氛围与不安全行为关系不显著，这2个因素主要通过不安全行为意向这一中介变量对不安全行为产生影响；行为风险认知偏差既与不安全行为意向显著相关，又与不安全行为显著相关。

（3）员工个体相对剥夺感和群体相对剥夺感量表的编制。基于相对剥夺理论、公平理论和认知理论，采用心理学量表编制的规范方法，经过文献回顾、访谈、项目编写及修订、预调研、正式施测、项目信度和效度分析等流程，先后编制了企业员工个体相对剥夺感量表和群体相对剥夺感量表。结果表明：编制的两份相对剥夺感量表具有良好的信度和效度，可分别用于企业员工个体相对剥夺感和群体相对剥夺感的测量及相关研究。其中员工个体相对剥夺感具有两个维度共12个项目，即认知相对剥夺感和情感相对剥夺感；群体相对剥夺感表现为单维结构，共有14个项目。

（4）员工相对剥夺感对不安全行为意向作用机制的研究。为检验相对剥夺感对不安全行为意向的影响，以及行为安全监管对情感相对剥夺感与不安全行为意向的调节作用，收集624份工矿和工程企业的有效样本数据，采用逐层回归分析和Bootstrapping法检验了个体认知相对剥夺感、情感相对剥夺感与不安全行为意向的关系，以及行为安全监管对个体情感相对剥夺感和不安全行为意向关系的调节作用。结果表明：情感相对剥夺感在认知相对剥夺感和不安全行为意向的关系中具有显著的中介作用，认知相对剥夺感越高，情感相对剥夺感越高，员工的不安全行为意向越强；行为安全监管对情感相对剥夺感与不安全行为意向的调节效应显著，即行为安全监管水平越低，情感相对剥夺感与不安全行为意向的关系越显著。

（5）员工情感相对剥夺感、家长式领导风格与不安全行为意向关系的研究。通过相对剥夺感对不安全行为意向的研究，结果表明情感相对剥夺感对不安全行为意向有更好的预测作用。因此，研究又收集216份有效调查数据，分析了在工矿企业典型存在的家长式领导风格对情感相对剥夺感和不安全行为意向关系的调节作用，得出如下结论：①员工情感相对剥夺感与不安全行为意向的关系显著。数据表明，员工的情感相对剥夺感与不安全行为意向具有显著正相关的关系，即员工的情感相对剥夺感越高，不安全行为意向越高。②威权领导对情感相对剥夺感和不安全行为意向的关系，在统计学意义上有调节作用，威权领导越明显，情感相对剥夺感对不安全行为意向的影响越大。但是，仁慈领导在情感相对剥夺感对不安全行为意向影响方面，在统计学意义上调节效应并不明显。

（6）不当督导、组织内信任、认知相对剥夺感、情感相对剥夺感和不安全行为的关系研究。为检验工矿企业常见的不当督导方式对员工相对剥夺感和不安全行为的影响，以及员工组织内信任对不当督导和相对剥夺感的调节效应。基于情景事件理论，构建了不当督导、组织内信任、认知相对剥夺感、情感相对剥夺感和不安全行为关系的假设模型。基于619份有效样本的分析，结果表明：不当督导对不安全行为有直接的显著的影响，同时不当督导通过认知相对剥夺感和情感相对剥夺感的链式中介作用，对不安全行为产生间接的显著影响。采用Process插件和Bootstrapping法检验组织内信任对认知相对剥夺感和情感相对剥夺感的调节效应，结果表明：组织内信任对不当督导和认知相对剥夺感及情感相对剥夺感的关系，均存在显著的调节效应，其中组织内信任对不当督导和情感相对剥夺感的调节效应更为显著。

（7）为分析个体特征因素对不安全行为意向和不安全行为的影响，收集了7个煤矿的735名一线作业人员有效调查问卷，采用因子分析方法和结构方程模型（SEM），构建了个体特征因素对不安全行为意向及其行为的SEM。结果表明：自我效能、事故体验、工作满意度、安全知识、家庭安全劝导与不安全行为意向显著相关；自我效能、外控人格倾向、工作满意度、安全知识与不安全行为显著相关；事故体验、家庭安全劝导与不安全行为关系不显著；外控人格倾向与不安全行为意向关系不显著。

（8）组织环境因素对不安全行为意向及其行为的研究。为分析组织及环境因素对不安全行为意向和不安全行为的影响，收集了7个煤矿的735名一线作业人员有效调查问卷，采用因子分析方法和结构方程模型（SEM），构建了组织与环境因素对不安全行为意向及其行为的SEM。结果表明：安全装备、安全理念、危险源管理、工作压力、违章处罚、安全管理行为与不安全行为意向显著相关；危险源管理、工作压力、管理承诺、物态环境、违章惩罚与不安全行为显著相关；安全理念、安全装备、安全管理行为与不安全行为关系不显著；管理承诺、物态环境与不安全行为意向关系不显著。

第二节　研究局限和展望

本书还存在以下局限，需要在后续研究中推进解决：

（1）本书编制了员工群体相对剥夺感量表，但没有就群体相对剥夺感对群体性反生产行为、群体性不安全行为的影响进行研究。群体相对剥夺感在抽样和分析方法方面有更高的要求，而且需要更长的研究周期，因此未来可采用纵贯研究方法，深入研究群体相对剥夺感对员工负面工作行为的影响。

（2）本书探讨了个体相对剥夺感对不安全行为的影响，但相对剥夺感的影响因素较多，相对剥夺感对不安全行为的影响路径还存在其他多种可能，因此应该在未来研究中进一步探讨相对剥夺感的主要影响因素对不安全行为的影响和作用机制。

（3）相对剥夺感对其他安全行为的关系和作用机制还有进一步深入研究的空间。如相对剥夺感对员工安全建言的影响，个体特征对相对剥夺感和员工安全建言关系的作用，以及领导风格对相对剥夺感和员工安全建言关系的作用等。

（4）行为安全研究方法的拓展。本书主要采用问卷调查法收集数据进行研究，问卷调查容易受社会赞许效应等因素的影响，同时易出现同源偏差问题，因此在未来的研究中，宜在研究方法方面进行拓展，通过多元方法检验相关因素对不安全行为的影响和作用机制。

参考文献

［1］ ABRAMS D, GRANT P R. Testing the social identity relative deprivation (SIRD) model of social change: The political rise of Scottish nationalism ［J］. British Journal of Social Psychology, 2012, 51 (4): 674 -689.

［2］ AJZEN I. Perceived Behavioral Control, Self - Efficacy, Locus of control, and the theory of planned behavior ［J］. Journal of Applied Social Psychology, 2002, 32 (4): 665 -683.

［3］ ALEKSYNSKA M. Relative deprivation, relative satisfaction, and attitudes towards immigrants: Evidence from Ukraine ［J］. Economic Systems, 2011, 35 (2): 189 -207.

［4］ ANNING H. Public sector employment, relative deprivation and happiness in adult urban Chinese employees ［J］. Health Promotion International, 2013, 28 (3): 477 -486.

［5］ ANSI. Method of recording basic facts relating to the nature and occurrence of work injuries. ANSI Z16. 2 -1962 ［M］. New York: ANSI, 1963.

［6］ BENNETT J D, PASSMORE D L. Correlates of coal mine accidents and injuries: A literature review ［J］. Accident Analysis & Prevention, 1984, 16 (2): 37 - 45.

［7］ BENNETT J D. Relationship Between Workplace and Worker Characteristics and Severity of Injuries in U. S. Underground Bituminous Coal Mines ［D］. The Pennsylvania State University, University Park, 1982.

［8］ BERKOWITZ L. A Survey of Social Psychology ［M］. Dryden Press (Hinsdale, Ill.), 1986.

［9］ BUUNK A P, GIBBONS F X. Social comparison: The end of a theory and the emergence of a field ［J］. Organizational Behavior & Human Decision Processes,

2007, 102 (1): 3 -21.

[10] CALLAN M J, et al. Gambling as a search for Justice: Examining the role of personal relative deprivation in gambling urges and gambling behavior [J]. Personality and Social Psychology Bulletin, 2008, 34 (11): 1514 -1529.

[11] CANTRIL H. The pattern of human concern [J]. British Journal of Sociology, 2001 (18).

[12] COUNCI N. Towards Safer Underground Coal Mine [R]. National Academy of Sciences, 1982.

[13] CROSBY, FAYE. A model of egoistical relative deprivation [J]. Psychological Review, 1976, 83 (2): 85 -113.

[14] DANNY O, Chris G S. Through rose - colored glasses: System - justifying beliefs dampen the effects of relative deprivation on well - being and political mobilization. [J]. Personality & Social Psychology Bulletin, 2013, 39 (8): 991.

[15] DANNY O, J S H, J H Y. More than a feeling: Discrete emotions mediate the relationship between relative deprivation and reactions to workplace furloughs [J]. Personality & Social Psychology Bulletin, 2012, 38 (5): 628.

[16] DE LA Sablonnière Roxane, éMILIE A, NAZGUL S, et al. When the "we" impacts how "I" feel about myself: Effect of temporal collective relative deprivation on personal well - being in the context of dramatic social change in Kyrgyzstan. [J]. European Psychologist, 2010, 15 (4): 12.

[17] DHILLON B S, LIU Y. Human error in maintenance: A review [J]. Journal of Quality in Maintenance Engineering, 2006, 12 (1): 21 -36.

[18] DUCKITT J, MPHUTHING T. Relative deprivation: Relative deprivation and intergroup attitudes: South Africa before and after the transition [M]. Relative Deprivation: Specification, Development, and Integration, 2002.

[19] DYNE L V, ANG S, BOTERO I C. Conceptualizing employee silence and employee voice as multidimensional constructs [J]. Journal of Management Studies, 2010, 40 (6): 1359 -1392.

[20] Fogarty G J, Shaw A. Safety climate and the Theory of Planned Behavior: Towards the prediction of unsafe behavior [J]. Accident Analysis & Prevention Safety Climate: New Developments in Conceptualization, Theory, and Research, 2010, 42 (5): 1455 -1459.

[21] FOLLMER E H, KRISTOF - BROWN A L, ASTROVE S L, et al. Resolution, Relief, and Resignation: A Qualitative Study of Responses to Misfit at Work [J]. The Academy of Management Journal, 2017, 61 (2): 2014 -2566.

[22] GOULDNER A W. The norm of reciprocity: A preliminary statement [J]. American Sociological Review, 1960, 25 (2): 161 -178.

[23] GRAVETTER FREDERICK J., 王爱民, LARRY B. WALLNAU, 李悦等. 行为科学统计（第7版）[M]. 北京: 中国轻工业出版社, 2008.

[24] GUILFORD. Psychometric method [M]. New York: McGraw - Hill, 1954.

[25] HøIE, MOAN, RISE, et al. Using an extended version of the theory of planned behavior to predict smoking cessation in two age groups [J]. Addiction Research & Theory, 2012, 20 (1): 42 -54.

[26] HAMMER W. Occupational safety management and engineering [M]. Prentice Hall, 1989.

[27] HANNA Z, JENS B, RUPERT B, et al. Who is to blame? The relationship between ingroup identification and relative deprivation is moderated by ingroup attributions [J]. Social Psychology, 2013, 44 (6): 398 -407.

[28] HOLLNAGEL E. Human reliability analysis: Context and control [M]. London: Academic Press, 1993.

[29] HRAFNHILDUR G, GUNNEL H, LENE P, et al. Relative deprivation in the Nordic countries - child mental health problems in relation to parental financial stress [J]. European Journal of Public Health, 2016, 26 (2): 277 -282.

[30] ICEK A. Constructing a TPB questionnaire [EB/OL]. [2011 -10 -01]. http: //socgeo. ruhosting. nl/html/files/spatbeh/tpb. measurement. pdf.

[31] ICEK A. From intentions to actions: A theory of planned behavior [A] //J K, J B. Action control: From cognition to behavior [M]. Heidelberg: Springer, 1985.

[32] ICEK A. The theory of planned behavior [J]. Organizational Behavior and Human Decision, 1991, 50 (2): 179 -211.

[33] KURT T. DIRKS, DONALD L. FERRIN. The role of trust in organizational settings [J]. Organization Science, 2001, 12 (4): 450 -467.

[34] MAITI J, BHATTACHERJEE A. Evaluation of risk of occupational injuries

among underground coal mine workers through multinomial logit analysis [J]. Journal of Safety Research, 1999, 30 (2): 93-101.

[35] MARTIN S, HAGGER, et al. The influence of autonomous and controlling motives on physical activity intentions within the theory of planned behavior [J]. British Journal of Health Psychology, 2002 (7): 283-297.

[36] NYHAN, RONALD C, et al. Development and psychometric properties of the organizational [J]. Evaluation Review, 1997, 21 (5): 614.

[37] OI W Y. Economic and empirical aspects of underground safety [M]. Rochester, New York: Graduate School of Management, University of Rochester, 1974.

[38] PAUL P S, MAITI J. The role of behavioral factors on safety management in underground mines [J]. Safety Science, 2007, 45 (4): 449-471.

[39] RAMSEY J D, BURFORD C L, BESHIR M Y. Systematic classification of unsafe worker behavior [J]. International Journal of Industrial Ergonomics, 1986, 1 (1): 21-28.

[40] RASMUSSEN J. Skills, rules, and knowledge; signals, signs, and symbols, and other distinctions in human performance models: IEEE Transactions on Systems, Man and Cybernetics [C]. IEEE Press, 1987.

[41] REASON J. Driving errors, driving violations and accident involvement [J]. Ergonomics, 1995, 38 (5): 1036-1048.

[42] RIGBY L. The nature of human error. In: Annual technical conference transactions of the ASQC [C]. Milwaukee, 1970.

[43] ROOT N. Injuries at work are fewer among older employees [J]. Monthly labour Review, 1981, 104 (3): 30-39.

[44] SARI M, DUZGUN H S B, KARPUZ C, et al. Accident analysis of two Turkish underground coal mines [J]. Safety Science, 2004, 42 (8): 675-690.

[45] SHAFAI-SAHRAI, YAGHOUB. Determinant of occupational injury experience: A study of matched pairs of companies [M]. Michigan: Division of Research, Graduate School of Business Administration, Michigan State University (East Lansing), 1973.

[46] SHERIDAN, TELEROBOTICS T. Automation, and Human Supervisory Control [M]. London: MIT Press, 1992.

[47] SMITH H J, PETTIGREW T F, PIPPIN G M, et al. Relative deprivation:

A theoretical and meta – analytic review [J] . Personality and Social Psychology Review, 2012, 16 (3): 203 –232.

[48] SMITH H J, PETTIGREW T F, PIPPIN G M, et al. Relative deprivation: A theoretical and meta – analytic review. [J] . Personality & Social Psychology Review, 2012, 16 (3): 203.

[49] SMITH H J, WALKER I. Relative deprivation: Specification, development, and integration [M] . Cambridge University Press, 2002.

[50] STOUFFER S, SUCHMAN E, De VINNEYBOYMEL L, et al. Adjustment During Army life [J] . The American Soldier, 1949 (1) .

[51] MASTERSON S SUZANNE. A trickle – down model of organizational justice: Relating employees' and customers' perceptions of and reactions to fairness [J] . Journal of Applied Psychology, 2001, 86 (4): 594 –604.

[52] TEPPER B J. Consequences of abusive supervision [J] . Academy of Management Journal, 2000, 43 (2): 178 –190.

[53] TOBIAS GREITEMEYER, CHRISTINA. The impact of personal relative deprivation on aggression over time [J] . Journal of Social Psychology, 2019 (6): 664 –675.

[54] TROPP L R, WRIGHT S C. Ingroup identification and relative deprivation: An examination across multiple social comparisons [J] . European Journal of Social Psychology, 1999, 29 (5 –6) .

[55] WALKER I. Effects of personal and group relative deprivation on personal and collective self – esteem [J] . Group Processes & Intergroup Relations, 1999, 2 (4): 365 –380.

[56] WEINER B. A cognitive (attribution) – emotion – action model of motivated behavior: An analysis of judgments of help – giving [J] . Journal of Personality and Social Psychology, 1980, 39 (2): 186 –200.

[57] WICKHAM S, SHRYANE N, LYONS M, et al. Why does relative deprivation affect mental health? The role of justice, trust and social rank in psychological wellbeing and paranoid ideation [J] . Journal of Public Mental Health, 2014, 13 (2): 114 –126.

[58] ZHANG J, TAO M. Relative deprivation and psychopathology of Chinese college students [J] . Journal of Affective Disorders, 2013, 150 (3): 903 –907.

[59] 安宇，王祎，李子琪，等．基于 TPB 的矿工不安全行为形成机制［J］．中国安全科学学报，2020，30（10）：20－26.

[60] 曹琦．人的不安全行为分析及治理［J］．人类工效学，1998（4）：36－38.

[61] 曹庆仁，李爽，宋学锋．煤矿员工的“知—能—行”不安全行为模式研究［J］．中国安全科学学报，2007，17（12）：19－25.

[62] 曹庆仁，宋学锋．不安全行为研究的难点及方法［J］．中国煤炭，2006，32（11）：62－64.

[63] 陈红，祁慧，汪鸥，等．中国煤矿重大事故中故意违章行为影响因素结构方程模型研究［J］．系统工程理论与实践，2007，27（8）：127－136.

[64] 陈红．中国煤矿重大事故中的不安全行为研究［M］．北京：科学出版社，2006.

[65] 程恋军，仲维清．安全监管影响矿工不安全行为的机理研究［J］．中国安全科学学报，2015，25（1）：16－22.

[66] 德维利斯·罗伯特·F. 量表编制——理论与应用（校订新译本）［M］．重庆：重庆大学出版社，2010.

[67] 丁靖艳．基于计划行为理论的侵犯驾驶行为研究［J］．中国安全科学学报，2006（12）：15－18.

[68] 段锦云，傅强，田晓明，等．情感事件理论的内容、应用及研究展望［J］．心理科学进展，2011，19（4）：599－607.

[69] 方叶祥，秦龙，张琳，等．安全文化、工作满意度对员工安全行为的影响——基于结构方程模型的实证研究［J］．安全与环境学报，2019，19（6）：2022－2032.

[70] 冯媛．基于计划行为理论的设计链知识共享因素及模型研究［J］．科技管理研究，2009（7）：360－363.

[71] 傅贵，李宣东，李军．事故的共性原因及其行为科学预防策略［J］．安全与环境学报，2005（1）：80－83.

[72] 傅晓，李忆，司有和．家长式领导对创新的影响：一个整合模型［J］．南开管理评论，2012，15（2）：121－127.

[73] 国家统计局．中华人民共和国 2020 年国民经济和社会发展统计公报［N］．人民日报，2021－03－01.

[74] 何晓群．多元统计分析［M］．北京：中国人民大学出版社，2004.

[75] 何旭洪，黄祥瑞．工业系统中人的可靠性分析原理、方法与应用［M］．北京：清华大学出版社，2007.

[76] 江永众．服务员工组织承诺、工作满意与服务质量关系研究［M］．北京：经济科学出版社，2008.

[77] 蓝石．社会科学定量研究的变量类型、方法选择及范例解析［M］．重庆：重庆大学出版社，2011.

[78] 李乃文，刘孟潇，牛莉霞．辱虐管理对安全绩效的影响——心理痛苦和心智游移的链式中介作用［J］．软科学，2019，33（9）：60－63.

[79] 李乃文，牛莉霞．矿工工作倦怠、不安全心理与不安全行为的结构模型［J］．中国心理卫生杂志，2010（3）：236－240.

[80] 李乃文，张丽，牛莉霞．不同作业阶段矿工安全注意力的事件相关电位研究［J］．中国安全生产科学技术，2017，13（8）：96－101.

[81] 李锐，凌文辁，柳士顺．传统价值观、上下属关系与员工沉默行为——一项本土文化情境下的实证探索［J］．管理世界，2012（3）：127－140.

[82] 梁振东．组织及环境因素对员工不安全行为影响的 SEM 研究［J］．中国安全科学学报，2012（11）：16－22.

[83] 林泽炎．不同矿工对事故发生影响因素的归因［J］．安全，1997（1）：1－4.

[84] 林泽炎．矿工冒险行为的权变性分析［J］．安全，1998（1）：1－3.

[85] 林泽炎．人为事故预防学［M］．哈尔滨：黑龙江教育出版社，1998.

[86] 刘超．企业员工不安全行为影响因素分析及控制对策研究［D］．北京：中国地质大学，2010.

[87] 刘得明，龙立荣．国外社会比较理论新进展及其启示——兼谈对公平理论研究的影响［J］．华中科技大学学报（社会科学版），2008（5）：103－108.

[88] 刘军．管理研究方法原理与应用［M］．北京：中国人民大学出版社，2008.

[89] 刘璞，井润田．领导行为、组织承诺对组织公民权行为影响机制的研究［J］．管理工程学报，2007，21（3）：137－140.

[90] 刘松博，李育辉．员工跨界行为的作用机制：网络中心性和集体主义的作用［J］．心理学报，2014（6）：852－863.

[91] 吕政宝．企业群体公民行为的内容结构及其前因与后果变量研究

[D]. 广州：暨南大学，2010.

[92] 马皑. 相对剥夺感与社会适应方式：中介效应和调节效应 [J]. 心理学报，2012，44 (3)：377-387.

[93] 马琳，吕永卫. 辱虐管理对矿工安全偏离行为的影响机制研究 [J]. 矿业安全与环保，2020，47 (1)：115-118.

[94] 麦克斯温. 安全管理：流程与实施（第2版）[M]. 王向军等译. 北京：电子工业出版社，2011.

[95] 孟远，谢东海，苏波，等. 2010年-2019年全国煤矿生产安全事故统计与现状分析 [J]. 矿业工程研究，2020，35 (4)：27-33.

[96] 莫寰. 中国文化背景下的创业意愿路径图——基于"计划行为理论" [J]. 科研管理，2009，30 (6)：128-135.

[97] 卿涛，凌玲，闫燕. 团队领导行为与团队心理安全：以信任为中介变量的研究 [J]. 心理科学，2012，35 (1)：208-212.

[98] 邱本. 论承诺 [J]. 安徽大学学报，1998 (2)：109-111.

[99] 邱皓政，林碧芳. 结构方程模型的原理与应用 [M]. 北京：中国轻工业出版社，2009.

[100] 全国注册安全工程师执业资格考试辅导教材编审委员会. 安全生产知识 [M]. 北京：煤炭工业出版社，2006.

[101] 荣泰生. AMOS与研究方法 [M]. 重庆：重庆大学出版社，2010.

[102] 时勘，崔有波，万金，等. 分配公平对员工离职倾向的影响：相对剥夺感的中介作用 [J]. 现代管理科学，2015 (10)：7-9.

[103] 隋鹏程，陈宝智，隋旭. 安全原理 [M]. 北京：化学工业出版社，2005.

[104] 孙淑英. 家具企业安全管理调查研究——运用行为抽样法调查分析不安全行为 [J]. 中国安全科学学报，2009 (12)：135-140.

[105] 田水承，管锦标，魏绍敏. 煤矿人因事故关系因素的动态灰色关联分析 [J]. 矿业安全与环保，2005 (4)：69-71.

[106] 田水承，郭彬彬，李树砖. 煤矿井下作业人员的工作压力个体因素与不安全行为的关系 [J]. 煤矿安全，2011 (9)：189-192.

[107] 王丹，沈玉志. 矿工违章行为分类及控制模式研究 [J]. 煤矿安全，2010 (8)：151-153.

[108] 王丹. 基于计划行为理论的矿工违章行为研究 [J]. 中国安全科学

学报，2011（4）：7－12.

［109］王丹．辱虐管理对矿工不安全行为的影响研究［J］．经济与管理，2012，26（10）：65－70.

［110］王家坤，王新华，王晨．基于工作满意度的煤矿员工不安全行为研究［J］．中国安全科学学报，2018，28（11）：14－20.

［111］王明杰，陈玉玲，美国心理协会．美国心理协会写作手册（APA 格式）（第5版）［M］．重庆：重庆大学出版社，2008.

［112］王明泉．信任：领导力的基石［J］．领导科学，2013（14）：48－49.

［113］王亦虹，黄路路，任晓晨．变革型领导与建筑工人安全行为——组织公平的中介作用［J］．土木工程与管理学报，2017，34（3）：33－38.

［114］吴隆增，刘军，刘刚．辱虐管理与员工表现：传统性与信任的作用［J］．心理学报，2009，41（6）：510－518.

［115］武淑平．电力企业生产中人因失误影响因素及管理对策研究［D］．北京：北京交通大学，2009.

［116］席猛，许勤，仲为国，等．辱虐管理对下属沉默行为的影响——一个跨层次多特征的调节模型［J］．南开管理评论，2015（3）：132－140.

［117］熊猛，叶一舵．相对剥夺感：概念、测量、影响因素及作用［J］．心理科学进展，2016（3）：438－453.

［118］熊猛．流动儿童相对剥夺感：特点、影响因素与作用机制［D］．福州：福建师范大学，2015.

［119］许晟，王孟婷，郭如良．主管辱虐管理对新生代农民工退缩行为的诱发机制研究［J］．河南农业大学学报，2019，53（6）：987－994.

［120］严进，付琛，郑玫．组织中上下级值得信任的行为研究［J］．管理评论，2011，23（2）：99－106.

［121］杨光，张小兵．论煤炭企业安全理念［J］．中国煤炭，2005，32（8）：64－65.

［122］杨国枢，文崇一，吴聪贤，等．社会及行为科学研究法［M］．重庆：重庆大学出版社，2006.

［123］杨佳丽，栗继祖，冯国瑞，等．矿工不安全行为意向影响因素仿真研究与应用［J］．中国安全科学学报，2016，26（7）：46－51.

［124］杨雪，冯念青，张瀚元，等．情感事件视角矿工不安全行为影响因素

SD 仿真 [J]. 煤矿安全, 2020, 51 (3): 252-256.

[125] 杨智, 董学兵. 居民可持续消费行为及意向实证研究——以长沙市为例 [J]. 城市问题, 2011 (3): 60-66.

[126] 于丹. 品牌购买理论 (TPB) 研究 [D]. 大连: 大连理工大学, 2008.

[127] 禹东方, 潘懋, 刘松. 煤矿个体违章行为的心理动力及行为外化过程分析 [J]. 矿业安全与环保, 2009 (4): 84-86.

[128] 约翰逊·理查德·A, 威克恩·迪安·W. 实用多元统计分析 [M]. 北京: 清华大学出版社, 2008.

[129] 岳金笛, 梁振东. 企业员工工作退缩行为的成因及干预策略 [J]. 闽南师范大学学报 (哲学社会科学版), 2020, 34 (4): 12-17.

[130] 张大钊, 曾丽. 旅游地居民相对剥夺感的应对方式理论模型 [J]. 旅游学刊, 2019, 34 (2): 29-36.

[131] 张河川, 郭思智. 大学生锻炼行为与相关知识、态度、自我效能的研究 [J]. 中国行为医学科学, 2001, 10 (2): 133-134.

[132] 张红涛, 王二平. 态度与行为关系研究现状及发展趋势 [J]. 心理科学进展, 2007, 15 (1): 163-168.

[133] 张江石, 傅贵, 邱海滨, 等. 矿工个体变量与安全认识水平的关系研究 [J]. 中国安全生产科学技术, 2009 (4): 76-79.

[134] 张景林. 安全学 [M]. 北京: 化学工业出版社, 2009.

[135] 张磊, 任刚, 王卫杰. 基于计划行为理论的自行车不安全行为模型研究 [J]. 中国安全科学学报, 2010 (7): 43-48.

[136] 张力. 概率安全评价中人因可靠性分析技术研究 [D]. 长沙: 湖南大学, 2004.

[137] 张琳, 刘新, 宁艳花, 等. 社区老年高血压患者自我效能与自我管理行为的相关性研究 [J]. 中国老年学杂志, 2011, 31 (12): 2286-2288.

[138] 张勉, 张德. 企业雇员离职意向的影响因素: 对一些新变量的量化研究 [J]. 管理评论, 2007, 19 (4): 23-28.

[139] 张倩, 李恩平. 组织公平对矿工不安全行为的影响机制 [J]. 煤矿安全, 2019, 50 (11): 244-248.

[140] 张书维, 王二平, 周洁. 相对剥夺与相对满意: 群体性事件的动因分析 [J]. 公共管理学报, 2010 (3): 95-102.

［141］张书维，周洁，王二平．群体相对剥夺前因及对集群行为的影响——基于汶川地震灾区民众调查的实证研究［J］．公共管理学报，2009（4）：69－77.

［142］张伟雄，王畅．因果关系理论的建立——结构方程模型［A］//陈晓萍，徐淑英，樊景立．组织与管理研究的实证方法［M］．北京：北京大学出版社，2008.

［143］赵海颖，李恩平．基于群体心理资本对矿工个体不安全行为的跨层次影响研究［J］．矿业安全与环保，2020，47（3）：115－120.

［144］郑宏明．网上购物意向的影响因素研究［D］．北京：首都师范大学，2006.

［145］郑晓涛．员工组织内信任、信任因素和员工沉默的关系研究［D］．上海交通大学，2007.

［146］周浩，龙立荣．家长式领导与组织公正感的关系［J］．心理学报，2007（5）：909－917.

［147］朱艳娜，衡连伟，何刚，等．煤矿员工不安全行为影响因素作用效应分析［J］．矿业安全与环保，2019，46（1）：104－108.